はじめてのイタリアワイン
海のワイン、山のワイン

中川原まゆみ

柴田書店

イタリアワインを知る手がかり

　2千にのぼるブドウ品種、長い歴史、複雑な社会様相が織り成す、多彩なイタリアワイン。誰もが知っているワインでありながら、その全貌を捉えることは容易ではありません。それは、ワイン名からでは産地や品種の特定が難しく、あるいはまた、IGT(地域表示ワイン)やVdT(テーブルワイン)に話題性のある高品質ワインが多数存在するなど、呼称や規格だけではワインが選びにくい実情があるからなのかもしれません。

　かつて行なわれてきたようなイタリア全土の総花的な紹介では、ワインを理解するために不可欠となる中心的なロジックの欠如ゆえに、かえって消費者を混乱に陥れてきました。また、各生産者なり、各産地なりの列挙に終始する各論的紹介からは、総体的な把握は難しいといえるでしょう。

　ワイン消費文化が成熟を迎えつつある現在、飲み手に必要なのは単なる情報の羅列ではなく、体系的な理解の道筋です。イタリアワイン初心者でも簡単に理解できるように、本書は新しいアプローチを試みることにしました。

　中心となるロジックは「土地」にあります。なぜなら、いかなる農産物であれ、その味わいを決定づけるのは自然環境＝土地だからです。

　土地といっても要素は広範に渡りますが、今回はイタリアの地形に注目しました。イタリアは南北に細長く、その周囲は海に囲まれています。国土の中央にはアペニン山脈、北部の東西にはアルプス山脈が走り、南端のシチリア島には活火山でもあるエトナ山がそびえています。南北に長く、海と山に恵まれた地形は、ヨーロッパの中では特異であり、ある意味、日本に似ています。

　日本を見ればわかるように、海沿いの土地と、山間の土地の食は違います。そしてもちろん、ワインもその土地の農産物で

すから、当然、食の影響を受けています。最も単純化して言うなら、海のワインは果実のふくよかさが際立つおだやかな味わいであり、山のワインはタンニンと酸のメリハリに富んだ厳しい味わいです。多岐に渡るイタリアワインの味わいを分類するための基本は、実は、産地が海沿いなのか、山なのか、という違いです。

　本書ではまず、このような地形をもとにしたワインの理解を基本とします。そして、海のワイン、山のワインと地図を辿りながら、生産地域の自然的特性と味わいの特徴を解説します。イタリアワインを前にして途方に暮れている読者に、簡便にして有用な指針が提供できればと願っています。

2012年7月
中川原まゆみ

風土を反映する味わい

　フランスと肩を並べるワイン生産大国のイタリアは、ほぼ全土でワイン用ブドウが栽培されています。イタリアの総面積は日本の約4/5に当たる301,230 km²。南北約1200km、東西約250kmと縦に細長く、北部を除く周囲は海に囲まれ、南にシチリア島、西の地中海にはサルデーニャ島が浮かんでいます。人口は日本の約半分の6千万人で、日本とほぼ同じ面積に日本の半分の人口が住んでいる計算です。国土の中央には、背骨のようなアペニン山脈が南北に連なり、北部に目を向けると西のフランス国境から、東のスロヴェニア、オーストリアまで両肩を広げるようにアルプス山脈がそびえています。東側にはアドリア海、南側にはイオニア海、そして、西側にはティレニア海を含む地中海が広がります。

　イタリアはこのように細長く、三方が海に囲まれています。このようなワイン産地は他に例がなく、味わいの上でも大きな特徴となっています。中央を走るアペニン山脈とアルプス山脈は山岳性気候になり、多雨で冷涼な気候。これに対してアドリア海、イオニア海、地中海沿いは海洋性気候で雨が少なく、温暖な気候になっています。さらに特筆すべき点は、海から山脈までの距離がわずか60km足らずであるということ。これは、どこの産地でも海または山の影響を少なからず受けていることになります。つまり、イタリアワインはほぼ例外なく、海のワインと山のワインとに大別できるのです。

　本書は、海のワインと山のワインの基本的な特徴を解説し、具体的なワインを選び、そのワインが生まれた土地の風景を折り込みながら、皆さんと対話するようにワインを見ていきます。

　フランス国境の地中海を出発点とし、左回りに海のワイン産地を巡り、アルプス山脈からアペニン山脈へと移動しながら、再び出発点に戻ってくるようにワインを紹介していきます。

海のワイン

イタリアの長い海岸線にはたくさんのブドウ畑があります。砂浜近くの平地、切り立った崖っぷち、海水が浸った潟など、その形態も多種多様です。共通するのは一年中どこの畑にも海から風が吹き込むこと。この「海風」にはいろいろなタイプがあり、熱風や湿度、迷惑な砂までも運び、時には突風で木が倒れることさえあります。また、風そのものに塩分が含まれている場合もあり、その塩分は当然、ワインの味わいにも影響を及ぼします。そして、海風の最大のメリットといえば、風は降雨の後にブドウを乾燥させ、カビなどの病害を防いでくれること。おのずと、農薬使用の抑制にもつながります。

さらに、海はいろいろな役目を果たしてくれます。一番重要なのは温度です。陸地に比べて、海は温まりにくく、冷めにくい。海沿いの産地では、夜間の急激な畑の冷え込みを海の温かさがカバーしてくれます。また、昼間の海に日光が差し込むと、海は鏡の役割をして光を反射させ、その反射熱で畑を温めます。このように気温の高低差のバランスがとられるため、昼夜の寒暖差（日較差）が山岳性気候に比べると小さくなります。

ブドウ畑の平均的な標高は0〜150m程度で、高いところでも250mくらいまで。このくらいの標高であれば、ブドウの糖度は上がり、完熟しやすくなります。

ワインは高めのアルコールでおだやかな酸、塩味を含んだ肉感的なボディがあり、たっぷりとした味わいに。傾向的には若々しく、フレッシュな果実味を楽しむワインが多いといえます。

山のワイン

山の裾野にへばりつくようにどこまでも広がるブドウ畑。その平均的な標高は300〜600mほど。この高さでも山間地域の寒さは厳しく、冬期には雪が降る産地もあります。降雪のある産地では、春季になると雪解け水が流れ出して、ブドウ畑の地中に染み込み、春に向けて水分を蓄えます。

一般的に標高が高くなるにつれ、気温は低くなります。加えて、陸地は温まりやすく、冷めやすいので、内陸であれば夜間はさらに畑が冷え込みます。このため、山の産地は暖かい年はよいのですが、気温の低い年はブドウの生育が遅れて未熟となり、酸が強く、青っぽいタンニンのワインになる傾向があります。また、山岳性気候は降雨が比較的多いため、病害の問題に悩まされることも多いのです。

山地のブドウ畑にとって、最も重要なのは畑の向きと傾斜です。ブドウの成長には充分な日照時間、日射量が必要だからです。また、多くの山地では夜間に「山おろし」と呼ばれる冷たい風が山から畑に降りてくるため、気温がさらに下がり、昼夜の寒暖差が激しくなります。これはブドウの木自体にとって、夏期は昼間の暑さから解放されますが、収穫期には逆にストレスにもなります。そしてこの寒暖差がワインに豊かな香り、フィネス、伸びのいい酸をもたらします。

山のワインは繊細で複雑な味わいのワインが多く見られます。とくに白ワインは引き締まった酸、タイトなボディに。赤ワインは硬めで冷やかなタンニン、筋肉質的なボディがあり、長期熟成できるワインも多くあります。

はじめてのイタリアワイン　海のワイン、山のワイン
目次

イタリアワインを知る手がかり ……… 002
風土を反映する味わい ……… 004
海のワイン ……… 006
山のワイン ……… 008

イタリアワインを知る（基礎知識編） ……… 012

1 ワイン概論
ワインはどのように造られるのか ……… 014
ワインの味わいを決めるもの ……… 015
「熟成したワインからわかる、ワインの本質」……… 016

2 自然条件
土壌 ……… 017
　土壌・土質分布図 ……… 018
地勢、気候 ……… 022

3 栽培法
仕立て ……… 025
植栽密度、収量、樹齢 ……… 028
「栽培環境とヴィンテージとの関係」……… 030

4 ブドウ品種
白ブドウ ……… 031
黒ブドウ ……… 036
　主要品種分布図 ……… 034

5 醸造
醸しと発酵 ……… 038
熟成 ……… 040
「ワインの個性とヴィンテージを読み解く」……… 042

6 ワインの種類
発泡性ワイン ……… 044
白ワイン ……… 045
ロゼワイン ……… 047
赤ワイン ……… 048
甘口ワイン ……… 049

テイスティングとラベルの読み方 ……… 050

1 テイスティングの仕方 ……… 052
色調・外観 ……… 053
香り ……… 054
味わい ……… 055
「テイスティングからワインを考える」……… 056

2 ラベルの読み方 ……… 058
イタリア県名略記号一覧 ……… 060

イタリアワインを知る114本 ……… 062
ワインデータの見方 ……… 064
💧 海のワイン ……… 066
⛰ 山のワイン ……… 109
アマローネとリパッソ ……… 116
バローロ ……… 134
キアンティ・クラッシコ ……… 152
ブルネッロ・ディ・モンタルチーノ ……… 162
タウラージ ……… 176

イタリアワインQ&A ……… 190
index ……… 204
頻出ワイン用語 ……… 230

アートディレクション	岡本洋平(岡本デザイン室)
デザイン	島田美雪(岡本デザイン室)
撮影	上仲正寿 (P.003、006、008、109は著者提供。 P.066 ©Agenzia Regionale In Liguria)
イラスト	飯箸　薫(P.023、026〜029、041、052、116) 島田美雪(カバー、P.005)
地図製作	平凡社地図出版
編集	池本恵子

イタリアワインを知る
（基礎知識編）

capitolo 1

ワイン概論

ワインはどのように造られるのか

　ワインとは、ブドウから造られる醸造酒のことである。ブドウの果実を絞って果汁を得て、果汁に含まれる糖分が酵母によって発酵し、アルコールと二酸化炭素に変わり、二酸化炭素は空気中に放出され、残った液体がワインとなる。果汁の糖分がすべてアルコールに変わると、糖分が残らないので辛口のワインになり、また、果汁の糖分を残して発酵を止めると、甘口のワインになる。

　白ワインは絞った果汁だけを使ってワインをつくるため、色がつかず、透明なワインになる。一方、ロゼワインや赤ワインは、果汁と果皮を一緒に発酵させるため、果皮から抽出される赤い色素によって色がつき、赤いワインになる。果皮からは赤い色素だけでなく、渋みを感じるタンニン分も一緒に抽出される。通常、赤ワインは絞る前にブドウの果皮に切れめを入れて、その切れめから出た果汁と果皮を２週間ほど一緒に漬け込み、色素とタンニンを抽出するが、ロゼワインは数時間しか漬け込まないので、色が薄くなる。その漬け込んだブドウを絞り、絞りかすを取り除いて、液体だけを発酵させ、その後に熟成を行なう。

　熟成とは、発酵が終わり、その後にワインを落ち着かせる期間をいう。ステンレスタンクで熟成すると、ブドウ本来のキャラクターが残り、新鮮な印象のワインになる。それに対して木樽で熟成すると、木樽から抽出されるエキス分とワインがなじみ、複雑な香りや味わいが生まれる。また、木樽の細かな木目を通して、ワインが空気に触れ、ゆっくりと酸化が進むため、赤ワインは色素が安定する。

　最後にワインを瓶に詰めて瓶熟成をする。この工程はワインを休ませ、安定させるために行なうもので、明かりの少ない涼しい場所でワインを熟成させる。ステンレスタンクで造った早飲みタイプは２〜３ヵ月間ですぐに出荷されるが、木樽で造った、ゆっくりと時間をかけて熟成するタイプは数年間、醸造所で熟成させる。ワインによっては何十年もの間、熟成させてから出荷するワインもある。

ワインの味わいを決めるもの

　ワインの味わいを決定づける要素のうち、最も需要となるのは、気候、品種、土壌の3つの条件によるものだ。この3つがちょうど三角形のようにベーシックなバランスをとり、ワインの個性の骨組みができ上がる。この3つの要素を含む栽培環境を総称して「テロワール」という。

　気候は、気温、湿度、降水量、日照量、風などのブドウ栽培をとり巻く気象環境全般のこと。品種は、黒ブドウ、白ブドウに大きく分かれ、それぞれに発祥や系統の異なる多数の品種がある。とくにワイン造りで長い歴史をもつイタリアでは、各地域に根づいている土着品種から、世界中で栽培されているシャルドネやメルロなどの国際品種まで多くの種類がある。土着品種は長い年月を経て、それぞれの品種ごとに環境に合った土地に根づき、他方、国際品種は土地に適合した品種を選び植えられている。

　土壌は、礫、砂、シルト、粘土などの粒子の大きさによる違いと、石灰質、粘土質、花崗岩質など土質の違いなどがある。また、土質に含まれる成分や、地層構造、地質時代によっても、できるワインの味わいに違いが出てくる。土壌の粒子は細かいほど水はけが悪く、保水力があり、逆に粒子が大きくなれば水はけはいいが、保水力が弱くなる。

　そして、このベースとなる三角形に、生産者や醸造家のキャラクター、醸造方法などのエッセンスが加わり、ワインの個性ができ上がる。最終的には、さまざまな条件の相互作用によってひとつのワイン、同一テロワールでは、その土地のスタイルとして完成する。この場合の「土地」とは、気候や土壌などの特性が連続する、ある一定の区画をさす。区画とは、山脈の裾野一帯に広がる場合や、渓谷の斜面のごく一部だったりと、大きさもミクロの単位からマクロ範囲までとさまざまだ。ミクロは限定された単一畑、クリュであり、マクロはひとつの産地といえる。

　イタリア全体をテロワールという視点から見てみると、他にない大きな特徴に気づく。それは、沿岸地域と山岳地域の違いによるものだ。この海と山の違いを、ワインの個性の根幹を担っているテロワールから知ることができる。

熟成したワインからわかる、ワインの本質

　ブドウは農作物であり、その育った土地を反映するのがワインである。ワインにはその土地らしいキャラクターがあり、土地らしい味がする。同じミカンでも、愛媛のミカンと和歌山のミカンの風味が違うように、ワインもブドウの栽培環境の違いによって味わいが異なる。例えば、同じヴェルディッキオ種をイエージ（p.104）とマテリカ（p.169）で栽培すると、でき上がったワインはイエージが男性的でパワフル、マテリカが女性的で繊細な味わいになる。このような栽培環境を総称してワインの世界では「テロワール」と呼ぶ。

　このテロワールという概念と同様に、ワインが他の農作物と大きく異なる点は、「熟成」によって変化があることだ。ワインは瓶詰めの後も熟成を続け、経過する年月によって、色、香り、味わいに変化が出てくる。どのワインも時間が経過するにつれて、若いワインに強く現れていた品種の個性が薄れ、醸造方法で施した技術もわからなくなるほど、土地が本来もっているキャラクターが色濃く現れてくる。

　例えば、同じ土地で造ったサンジョヴェーゼ100％のキアンティと、サンジョヴェーゼにカナイオーロやコロリーノを加えたキアンティでは、若い時には前者はフレッシュな酸味が印象的で、後者はカナイオーロの品種からくるアロマティックな香りやコロリーノの影響で色素が濃くなり、明らかに両者は違う。ところが、熟成を重ねると、どちらも落ち着いた色調でスモーキーな後香がある、スパイシーなニュアンスのワインに変わる。また、この例は若いワインでも同様だが、サンジョヴェーゼ100％のロッソ・ディ・モンタルチーノは、明らかにキアンティのサンジョヴェーゼ100％とは違い、モンタルチーノの土地のワインに感じられる独特のヨード系の香りがある。

　このように、ワインの個性を形成する要素として品種や醸造法も大切だが、ブドウの育った土地の環境こそ最も重要であることが、熟成したワインから知ることができる。それぞれの土地の違いに着目しながら、ワインを試していくと、どの地域のワインであるのかが想像できるようになる。また、これらの前提として大別した海のワインと山のワインの特徴をつかんでおくと、より明確に味わいの違いを判別することができ、さらに細かく絞り込んだ区画のテロワールも感じとれるようになる。

自然条件

土壌

ブドウの栽培環境のうち、土から下の部分。
根はさまざまな地中の成分を吸収し、
ワインのキャラクターに強い影響を与える。
イタリアは火山性土壌と海の堆積土壌が多い。

　ブドウの木も他の植物と同様に、地中に伸ばした根から養分や水分を吸収する。地中では水はけや保水の調節、日照による蓄熱と放熱、また微生物の食物連鎖でつくられた養分を蓄えるなど、ブドウの木の生育を助ける役目を果たす。地中深くには母岩と呼ばれる基盤があり、それに到達するまで植物の根は伸びていく。母岩の上にはいろいろな種類の表層土があり、この表層土をひと括りに「土壌」と呼んでいる（まれに地殻変動などで母岩がもろくなっている場合は、母岩の割れめにも根が伸びていくことがある）。

　土壌の役割のうち、とくに重要なのは水分調節で、これは主に土質の粒子の違いによって変わってくる。粒子の形状は、粘土、シルト、砂、礫（れき）と順に大きくなり、細粒質の粘土が多ければ、水はけが悪い、つまり保水がよいということになり、当然ながら降水量の多い年には水はけのよい土壌がよく、干ばつの年には水はけの悪い土壌がよい。一般に「適性混合土壌（メディア・イン・パスト）」と呼ばれる土壌は砂が20％、シルトが60％、粘土が20％の構成比率になる。

　土壌は粒子の形状だけでなく、性質の違いも重要だ。火山の噴火によって流れ出たマグマが固まった火成岩、河川などで運ばれて堆積した堆積岩、熱や圧力を受けて変化した変成岩などがある。これらの岩石が風化や侵食によってもろくなって崩れたり、地殻変動で破砕したり、削り取られるなどの作用が起こり、そうした土砂が風や水などで運搬され堆積し、複雑な土壌が形成される。

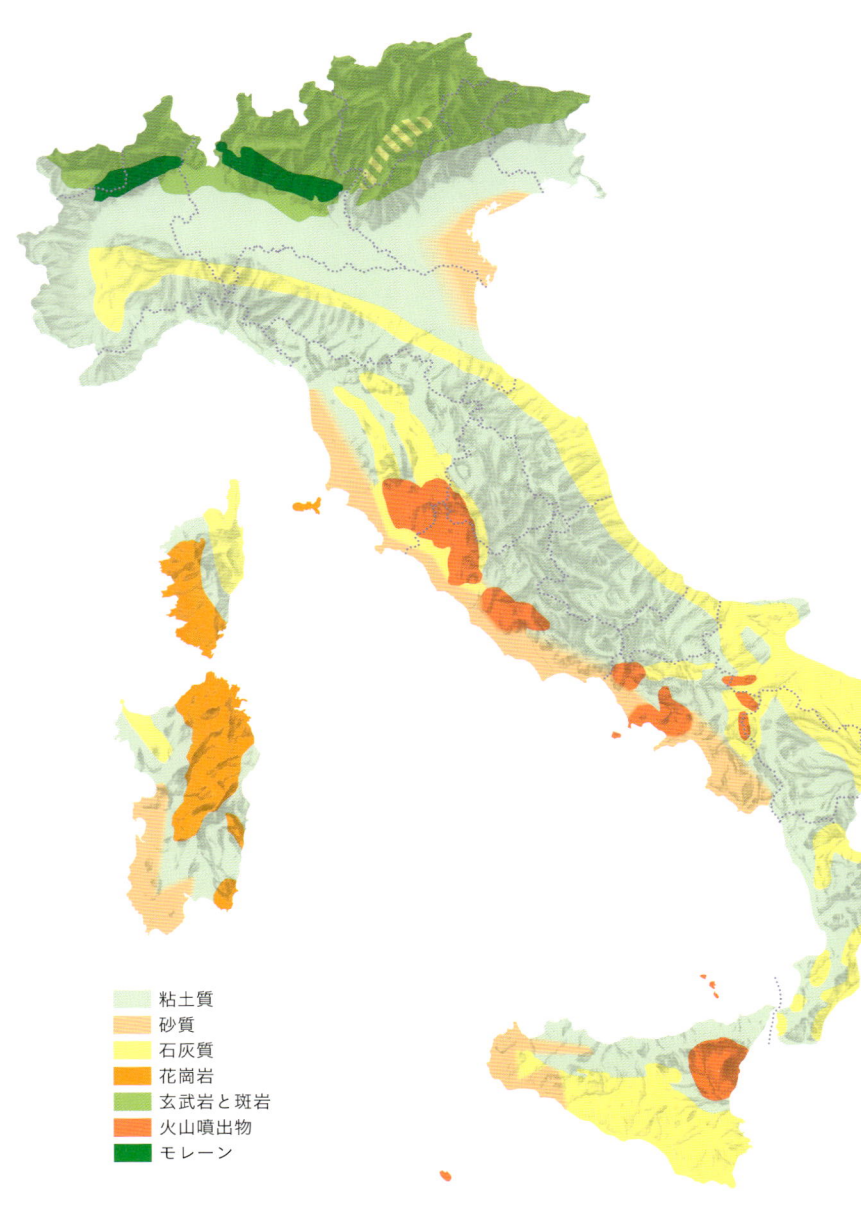

土壌・土質分布図

凡例:
- 粘土質
- 砂質
- 石灰質
- 花崗岩
- 玄武岩と斑岩
- 火山噴出物
- モレーン

* Geologia dei vini italiani などをもとに作成。

ワインにとって重要なのは、土壌に含まれる各種の成分である。具体的には窒素、リン、カリウム、カルシウム、マグネシウム、硫黄、鉄、ホウ素、マンガンなどの成分だ。また、土壌には古生代、中生代、新生代と、それぞれの地質時代によっても土質や成分の構成要素が違い、ワインにも違いが現れる。イタリアは古生代後期のヘルシニア造山活動と、中生代末期から新生代前期のアルプス造山活動で、主な土壌形成ができ上がった。イタリアの特徴は他国に比べて火山性土壌や、貝殻や珊瑚などの海の堆積物でできた堆積土壌が多いことである。

　下記に挙げる土壌タイプは、地質学からの分類ではなく、イタリア各地のワインに特徴的に現れる土壌を選び、その傾向を解説する。

❶ 粘土質（ねんどしつ）

　未固結堆積物の一種で、粒径が1/256mm以下の粒子を粘土という。とても細かく、粘着性に優れているために保水力がよい。水分を保有している粘土質土壌は冷たく、夏期の厳しい暑さからブドウを守る一方、降雨が続くと、水はけが悪いために果粒の水ぶくれや病害の心配もある。粒子が細かいために低地にまで流れ着くことができ、堆積作用によってできた平野に多く、肥沃な土壌が多い。ちなみに、トスカーナの「ガレストロ」、フリウリの「ポンカ」と呼ばれている土壌は固い粘土質がミルフィーユ状の層になったもの。

　ワインは濃いめの色調でたっぷりとした印象で、どっしりとした太めの味わい。そして、豊かな果実味に溢れている。アルコールは高めで飲みごたえとパワーがある。

❷ 砂質（さしつ）

　未固結堆積物の一種で、粒径が2〜1/16mmの粒子を砂という。粘土よりは粒子が粗く、粘着性も低いためさらりとしている。岩石が風化や侵食によって破砕物になり、河川などで運ばれ、河口近くに堆積する場合が多い。また、砂質土壌は海岸近くにも多く分布している。水はけがよいため、降雨が続いても土壌に水分が溜まらない一方、日照りによる干ばつではダメージが大きい。

　ワインはエレガントで女性的なニュアンスに仕上がり、適度なボディ感がある。特徴としては香りに硬さがなく豊かな香りでバリエーションも多く、華やかな印象を感じさせる。

❸ 石灰質
　　堆積岩の泥灰岩、石灰岩、チョークや、変成岩の結晶質片岩、大理石などに多く含まれる。白やグレーの色調が多いため、これらが表土に現れている場合、日が当たると反射して、その反射熱がブドウに当たり、ブドウの生育を促す。水はけは岩石の破砕物の大きさや、粘土質や砂質などの含有量によって違うが、純粋なチョーク土壌はやわらかく、保水性に優れている。また、石灰質の含有量が多いと、土壌のpHは高くなる傾向にある。トスカーナの「アルベレーゼ」とはこのような石灰質を多く含んだ土壌のことである。
　　ワインは色素が薄めで、シャープな輪郭ながら繊細な側面をもつ。香り、味わいともにミネラリーな印象を与え、美しい酸味とフィネスがある。
　　石灰質土壌として知られる産地は、主にピエモンテ州のアルバ、トレンティーノ・アルト・アディジェ州のドロミティ渓谷、トスカーナ州のシエナ近郊、マルケ州のアンコーナ周辺、プーリア州のフォッジャ、ブリンディジ、レッチェ、カラブリア州のクロトーネ、シチリア島のアグリジェント、サルデーニャ島のカリアリなど。

❹ 花崗岩
　　火成岩の中の深成岩の一種で、主な構成は石英と長石。ナトリウムとカリウムの少ない酸性岩質である。数mmの白っぽい結晶が寄り集まった粗い分子構造で形成され、中には黒雲母が混ざり、黒い点々があるものもある。花崗岩の形成には水が関与していると考えられ、海の近く、またはかつて海があったところに多く分布する。表面が風化しやすくボロボロになるため、砕けた花崗岩の水はけはとてもよい。
　　ワインは石灰質とは違う金属的なミネラルを感じ、がっちりとした筋肉質的な肉づきで陰影を感じさせる複雑さがある。
　　花崗岩質土壌が分布する主な産地は、ピエモンテ州のカレマやカナヴェーゼ、エルバ島、サルデーニャ島の北東部など。

❺ 玄武岩と斑岩
　　火成岩の中の火山岩に属し、二酸化ケイ素の割合が少ない。粘性が低く、マグマが急激に固まった岩石が玄武岩になる。色調は暗灰色、または黒色で柱状の割れめがあり、中にはその割れめにカンラン石や斜長石の白っぽい斑晶が走っているものもあり、緻密で堅固な構造。

一方、マグマがゆっくり冷えて固まった深成岩のひとつが斑岩である。

ワインはフローラルでスパイス的な香り、細身だが骨太で強い構成力があり、スモーキーなフレーバーが残る。

多くは造山活動によってできるため、アルプス造山運動で形成されたトレントやアルト・アディジェ、近隣のヴェネト州のヴァルポリチェッラやソアーヴェなどに多く分布する。

❻ 火山噴出物と火成岩

ヴェスーヴィオ山やエトナ山など、近年まで幾度かの噴火活動によってでき上がった土壌。火山噴出物には火山灰、火山礫、軽石、スコリア、火山砕屑物、火砕流堆積物などがあり、それらが堆積してできたものを火砕岩といい、そのひとつである凝灰岩は火山灰などの火山砕屑物が硬化し固結した岩石である。火成岩には左記の花崗岩や玄武岩、斑岩の他に、流紋岩や安山岩がある。これらの岩石が砕け、堆積され、土壌が形成されている。

ワインには鉄っぽいミネラル感があり、スレンダーだが肉感的な魅力もある。沈んだ色調のニュアンスがあり、冷やかで余韻が長い。

主な分布地域はラツィオ州のヴィテルヴォ周辺やカステッリ・ロマーニ、バジリカータ州のヴルトゥレ、カンパーニャ州のカンピ・フレグレイ、イスキア島やヴェスーヴィオ周辺、シチリア島のエトナ山周辺、エオリア諸島、パンテッレリア島など。

❼ 氷堆石（モレーン）

氷河が解け出して移動を始め、その氷河が削り取った礫や砂などが堆積してできた土壌。氷河の上に崩れ落ちた岩石が氷の融解によって堆積した場合や、間氷期に氷の中に閉じ込められた土砂が解け出したもの、氷河の底で研磨された細かな砂礫、氷河が前進する際にその先端で押し出された土砂など、モレーンの中にもさまざまなタイプが存在する。

イタリアではガルダ湖をはじめ、北部に点在している湖の多くは氷河の南下が止まった最終地点であり、氷河の先端が解け出し、水が溜まり、湖になったと考えられている。

ワインは果実系など多彩な香りがあり、適度に厚みのあるボディにおだやかな酸。全体的にバランスがよく、均整がとれた味わい。

主な分布地域はガルダ湖畔の南部、トレントの西部、ロンバルディア州のイゼーオ湖畔の南部、ピエモンテ州のゲンメなど。

地勢、気候

ブドウの栽培環境における、地上部分の諸要素で、
日照、風、気温、寒暖差、降水量、湿度など。
気象は、地勢や地形、海や山の影響を踏まえて、
大局的に捉えることが重要である。

❶ 日照、日射、畑の向きと傾斜

　「日照」とは太陽からの直射日光が地表に当たっている状態のことで、一日のうち120W/m²以上の時間を「日照時間」という。畑の向きが南向きで、地形的に東側や西側に日光を遮るものがなく畑が広がっていれば、早朝から夕刻まで日照を得られるため、一日の日照時間は長くなる。一般に、東向きの畑は朝露に濡れたブドウが早く乾くので、果皮の薄いブドウにとってよく、西向きの畑は夕日が長く当たるので果皮の厚いブドウが完熟するのに向いている。

　一方、「日射量」は地表に到達した太陽の放射エネルギー量のことで、同じ区画でも畑の傾斜角度によって違い、地面に直角に日光が当たる畑の方が、より日射量が高くなる。日照と日射、このふたつの数値が高ければより多くの熱量が得られ、ブドウの生育が促進される。海岸の畑は、日照の影になる障害物がほとんどなく、日照時間が長めだが、山の畑は丘陵など起伏が多いため、日照時間が短めになる。

❷ 風

　風にはいろいろなタイプがある。山岳が近くにあり、冷たい風が吹くのか。海が近くにあり、温かい風が吹くのか。風のタイプは地勢によって大きく異なってくる。また、一日中風が吹いているところ、午後だけ吹くところ、季節によって吹くところなど、地域によってもさまざまだ。

　山から吹き降りる「山おろし」は、朝夕に発生することが多く、強く吹き、冷たい。一方で、海からやってくる風は、比較的おだやかで、適度な湿度が含まれ、やや温かい。そして、時に風は海から塩を運び、ワインに塩味を与える。

　シチリア、サルデーニャ、プーリア、カラブリアなどでは、「シロ

ッコ」と呼ばれるアフリカから吹き込む南風があり、この風はかなり温かく、湿度があり、時には砂も運び、ブドウ畑に被害をもたらす。また、北部のトリエステ近郊やゴリツィア周辺では、アドリア海から「ボラ」と呼ばれる時速150kmにもなる突風が吹き込み、ブドウを傷つけ、時にはブドウの木を倒し、畑に大きなダメージを与えることがある。

　だが、一般的に風は、湿度を取り去り、ブドウを健康に保つために重要な役割を果たす。とくに、暑い夏期の夕方に山おろしが吹くことによって一帯の気温が下がり、ブドウの生育を助ける。そして、一日中風が吹いている畑のブドウからできるワインにはアロマ香が多い。

 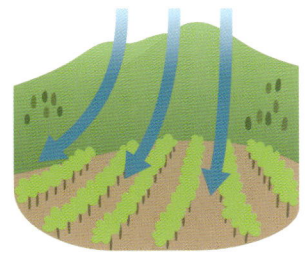

❸ 気温、寒暖差

　ブドウが健全に生育するためには、気温の推移と一日の寒暖差がとても重要だ。これらは地勢に大きく影響される。

　高い気温の日が続いていれば、ブドウの糖度が上がり、アルコール度数も高くなるが、よいワインになるとは限らない。問題は生育時期によって好ましい気温かどうか、ということだ。

　ブドウが開花して結実した頃は、気温が高い日が続いても単純に生育サイクルが早まるだけでさほど影響を及ぼさないが、黒ブドウの場合、色づき始める7月末頃から、一気に気温が上がり35℃を超す日が続くと、生育ムラが起こり、ブドウは自ら成長を止めてしまう場合がある。成長し続けたとしても、ブドウの糖度は上がるが、酸度は下がり、色素や種子が熟さず、でき上がったワインはピーマンっぽい青い香り、ムラのあるタンニン、バランスの悪い味わいになる。逆に、気温が低い日が続くと、糖分が少なく、色素や種子も熟さず、硬いタンニンで、色も薄め、酸度だけが目立つ粗雑な軽い味わいのワインに

なる。したがって、ブドウの実が色づき始める7月下旬から収穫期までが、とても大切な時期といえる。

また、白ブドウは結実が終わり、果粒が熟した6月頃に昼夜の寒暖差が大きければ、ワインには豊かなアロマが生まれ、新鮮な酸味も保たれ、よいワインになる。

❹ 降水量、湿度

雨はブドウの生育に必要だが、いつ、どのくらいの量が降るのかが重要になってくる。

イタリアの平均的な降水量は年間800mm前後だが、プーリアの海岸沿いで年間400mm程度、フリウリのアルプス山脈に近い産地では年間1,300mmに達する。イタリアでは年間を通じて10月～翌3月に降水量が多い。そのため冬期には地中にたくさんの水分が蓄積され、その水分が春になってブドウの芽吹き、開花、結実の時期に使われる。そして、気温が上昇する6月から適度な降雨が必要になる。同時に、降雨の影響でウドン粉病やベト病などの病害が発生するため、風通しをよくする目的でブドウ畑での葉の除去作業や、湿度を溜めないように下草の刈り取り作業なども行わなければならない。また、この時期にロンバルディアやピエモンテ北部ではヒョウが降ることがあり、ブドウを傷めたり、時にはブドウの房が落下する被害が発生する。

夏期が訪れると、気温が上昇し、生育スピードが上がる。この期間に降水量が少なければ、水分が不足して生育不良を起こし、完熟する時期が遅れる。また、過度の暑さでブドウが乾燥し、果粒がレーズン化してしまう場合もある。このような事態を防ぐためにも適度な雨量が、適度な期間をあけて降る必要性がある。

とくに注意しなければならないのは収穫期の降雨で、この時期に雨が降り続けば収穫ができなくなる。また、病害の発生率が最も高い時期なので、慎重に雨の予測を立てながら収穫日時を決めなければならない。品種によって収穫期は違うが、晩熟の品種ほど降雨によるリスクが高い。とくに山岳は海岸に比べると降水量が多いため、的確な判断が必要になってくる。

栽培法

仕立て

ブドウを生育するための木の基礎づくりの方法。
品種、気候、地勢、土壌の違いで使い分けるが、
収量の調整、作業効率など人為的な目的でも変わる。
多様な仕立て方法からブドウ栽培の歴史が垣間見える。

　イタリアにはいろいろなブドウの仕立て方法があり、その仕立てからイタリアにおけるブドウ栽培の歴史の一端を感じとることができる。
　南イタリアでは元来、ワインはトマトソースと同じように自家製する保存食のひとつであり、各家庭ごとにワインを作っていた。どの家庭でも限られた農地面積でブドウを栽培していたため、作付け方法を工夫する必要があった。そこで地表から高い位置にブドウの果房がなるように仕立て、下の地面では家庭用の果物や野菜などを栽培していた。このブドウの仕立て方は、今でもカンパーニャ周辺でよく見かける。
　また、かつては南イタリアから中部にかけて、背の高い樫などの木々の間にブドウを植え、その木々を支柱として使う仕立て方法も広く行なわれていたが、今ではほとんど見ることができない。現在まで残っている主な伝統的仕立て方法は、アルベレッロ(図1〜3)、ペルゴラ(同4)、テンドーネ（同5）、ジェノヴァ・ダブル・カーテン（GDV）(同6)、カポヴォルト（同7）などである。
　アルベレッロはシチリア、サルデーニャ、プーリア南部で使われており、高さが60〜90cmと低い。これはブドウの葉の陰で強い日差しから果房を守ると同時に、強い海風を避けるようにも考えられている。
　ペルゴラは中部から北部にかけて使われているが、地方によって高さや剪定の仕方が少しずつ違い、それぞれの地方名がついている。この仕立て方法は強い日差しから果房を守るだけでなく、葉の間隔を調整することで棚下の風通しをよくし、降雨後のブドウを乾かす。

テンドーネは日本でも使われている棚づくりで、多くの収量が見込める仕立て方法であり、ペルゴラと同様の役目も果たす。
　GDVはエミリア・ロマーニャなどの中部に多く、適度な収量制限と機械による収穫がしやすいために普及した。
　カポヴォルトは歴史が古く、ヴェネトのプロセッコなどに使われている方法で、近年、普及したスパリエッラ（垣根式）の仕立て方法の変形型になる。カポヴォルトは新梢を長めにとり、円を描くように新梢を曲げて固定する。
　近年、イタリア全土に広がったスパリエッラには主にふたつの仕立て方法がある。ひとつはグイヨ（図8）と呼ばれるもので、新梢をまっすぐに伸ばし、カポヴォルトよりも短く剪定する方法。もうひとつはコルドーネ・スペロナート（同9）と呼ばれる仕立て方法で、地面と平行のL字に伸びた母枝から出てくる新梢をひとつ、またはふたつの芽を残して剪定する。このふたつの剪定方式の特徴はブドウが同じ高さに実るために作業しやすく、管理しやすい点だ。これらの方式はブドウに直接日光が当たり、暑い年にはブドウの糖度が上昇し、酸度が落ちる傾向にあるが、降水量の多い年は、他の仕立て方法に比べて、より風通しがよいため、ブドウが早く乾き、病害が少ない。このふたつの違いは、コルドーネ・スペロナートの方がグイヨに比べて、樹勢を抑えられ、収量制限ができることだ。
　仕立て方法は、それぞれの品種の樹勢の強さ、新梢の芽と芽の間隔の長さ、果房の大きさ、果皮の厚さ、収穫期などによって違う。また、土壌の土性のタイプ、畑の傾斜や方位、気温推移、標高、降水量、作業効率、希望収量など、多くの条件を考えた上で決められる。

（図1〜3）アルベレッロ

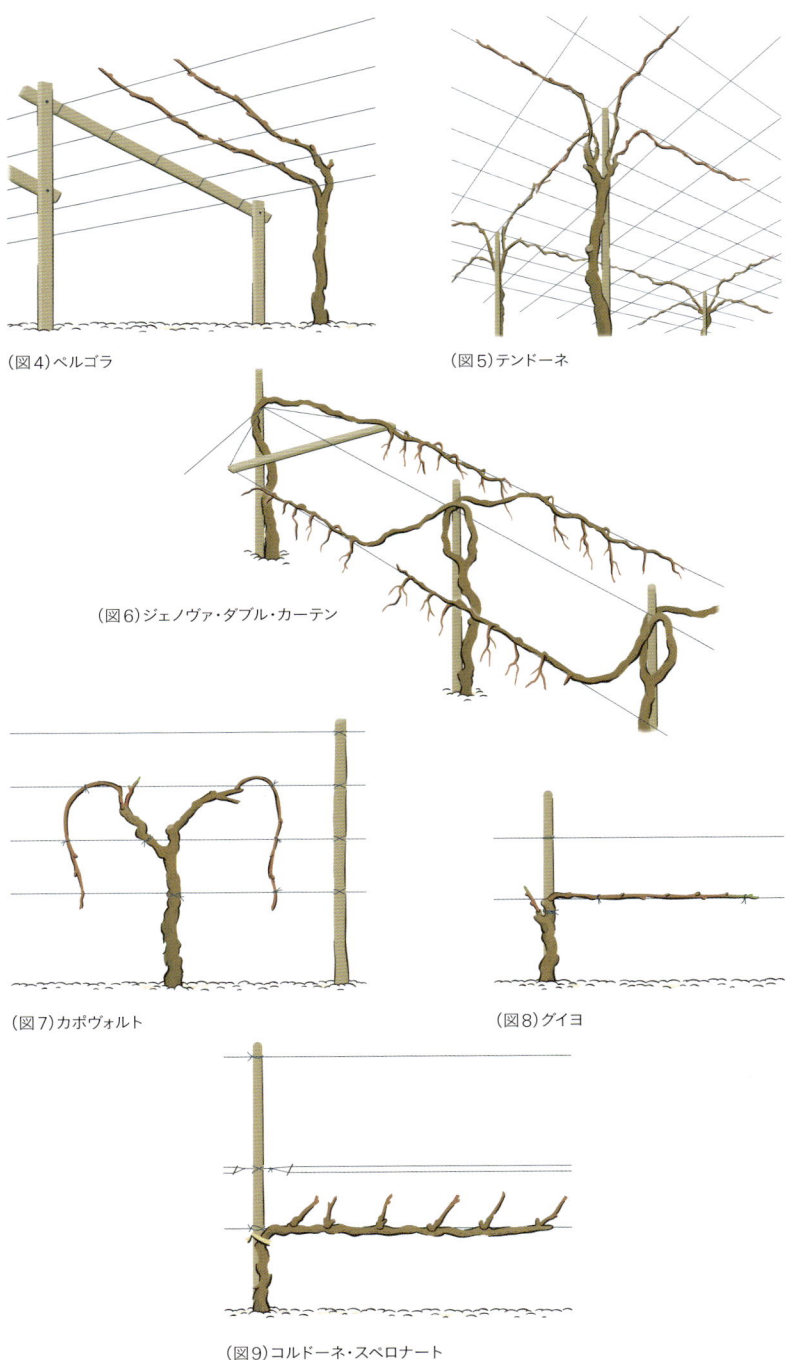

(図4) ペルゴラ

(図5) テンドーネ

(図6) ジェノヴァ・ダブル・カーテン

(図7) カポヴォルト

(図8) グイヨ

(図9) コルドーネ・スペロナート

植栽密度

　植栽密度とは、1ha当たりに植えてあるブドウの木の本数をいい、仕立て方法、地勢、気候、品種、土壌のタイプによって本数が変わってくる。スパリエッラは比較的多めで6,000〜1万本。伝統的な仕立て方法では3,000〜5,000本が一般的だ。

　植栽密度が高ければ、ブドウの根はまっすぐ下に伸び、水分や複雑な養分を吸収しやすくなるが、密植すればよいというものではない。湿度の多い気候の土地で密植すると、風通しが悪くなり、病気の発生率が高くなる。また、樹勢の強い品種を密植させると、同じように風通しの悪さに悩まされる上に、両隣の木と接触し、刺激され、さらに樹勢が強まる。そして密植によって、ヘクタール当たりの果房数が増えるため、適度な摘果をしなければ未熟なブドウが増えてしまう。したがって、それぞれの畑の条件に適した本数で考えなければならない。

収量

　収量とは1ha当たりに収穫するブドウの重量のこと。白ブドウは10t前後、黒ブドウは8t前後が平均的な量になる。当然、収量が少ないと濃いワインになるが、濃いワインだからといってよいものとは限らない。濃度が上がるとアルコール度数も上がる。一般に白ワインは品種、その年の気候条件、酸度と糖度のバランスを考えながら、収量を調節する。黒ブドウは糖度と酸度のバランス、種子の完熟度などを計りながら収量を決めていく。

収量バランスは、2〜3度行なわれる摘果の作業で調整する。白ブドウは果粒が適度な大きさになった段階で一度摘果するが、黒ブドウは色づく前、色づいた後、また、必要であれば収穫前にも摘果する。とくに降水量の多い年にはブドウが水ぶくれするために、何度も摘果して収量を調節しなければならない。

樹齢

ブドウの木の成長のスピードは、品種、樹勢、気温、日射量や土壌のタイプによって変わってくるが、植樹してから約3〜4年後には収穫が始められる。ブドウの木の寿命もさまざまな条件によって違うが、過酷な収量をとってしまうと短くなり、また、厳しい剪定、摘果、グリーンハーヴェストなどを繰り返すと、自然に収量が減り、樹齢にも影響すると言われている。

シチリアのメンフィ辺りのスパリエッラ仕立てのメルロで約15年、エトナでは80年、ブルネッロでは約45年、バローロでは60年前後が平均的な数字である。また、カンパーニャには120年を超すアリアニコがあり、現在でもこの木から収穫するなど、イタリア全土を見渡してもさまざまな状況があり、一概には言えない。

樹齢によるワインの違いは、若木ほどアルコール度数が上がりやすく、酸味が鋭角でアグレッシブな味わい。樹齢を重ねていくと複雑性が増し、ヴィンテージによる味わいのブレが少なくなる。

栽培環境とヴィンテージとの関係

　ヴィンテージの違いによってワインがどれほど変わるのか、2010年のプーリアを例にとって考えてみよう。

　例年、プーリアでは夏期に40℃近くまで気温が上昇し、毎年のようにブドウ畑は干ばつに悩まされる。そればかりか、生活用水でさえも不足し、地域一帯では何度も断水が行なわれる。しかし、2010年は違った。09年の冬から10年の春先まで、例年にない大雨で地中には大量の水分が蓄えられた。とくにプーリアの南部は粘土質土壌が多く、水分保有率もいい。春先になってもこの降水量は変わらず、トスカーナや多くの北の産地では、次第に雨による病害に悩まされた。過剰水分のため果粒が膨らみ、病害の問題も加わって、厳しい選果と摘果をしなければならず、収量が減ってしまった。

　その後、気温が上昇し、夏期には平年よりもやや高い気温で推移し、今度は雨が降らず、水はけのよい土壌は水不足に悩まされた。高温の日が続き、生育サイクルのバランスが崩れ、過熟な果粒と未熟な果粒が混ざるなど、ブドウのクオリティにも問題が出てきた。ところが、プーリアの土壌は表層から母岩までほどよい深さがあるため、春先の長雨が地中に染み込み、土壌が保水庫になって水分を溜めていた。そして、降雨の後には、アドリア海とイオニア海の両方から海風が吹いてブドウを乾かし、ブドウは健康な状態に保たれた。また、夏期の干ばつには地中に蓄えられた水分で充分にまかなうことができ、さらに、最も暑かった時期にもアルベレッロ仕立てのおかげで強烈な日差しを避けながら、最終的には収量、クオリティともによいブドウが収穫できた。

　このように降雨の時期や雨量、気温の推移、日照条件などに加え、土壌タイプや地域の違いによっても、ヴィンテージの善し悪しが決まってくる。また、悪い年と言われていても、一概にすべてのワインが悪いとは限らない。よい年でもワインのタンニンが固く、熟成に時間がかかるような場合には、悪い年と言われるワインの方が、すでに飲み頃に達していておいしく飲めることもある。ヴィンテージは単純に星の数だけで判断せずに、ワインの個性を見極めながら、ヴィンテージを選ぶべきである。

ブドウ品種

　ブドウ栽培の歴史が長いイタリアには、多くの土着品種がある。土着品種とはそれぞれの土地に根づいた伝統的なブドウ品種のこと。

　イタリア中央部から南部にかけて栽培されている多くの土着品種は、ギリシャからイタリアに渡り、シチリアやプーリアを経由し、本土を北上していった。果粒の大きなブドウは完熟に日照が必要なため、日照量が多い南部に留まり、その逆に比較的果粒の小さな品種は北上を続けた。一方で、東部の主な品種はコーカサスからイタリアに入り、西側からはメルロやカベルネなどの国際品種がフランスから持ち込まれた。また一時、オーストリア占領地だった北部は、その当時に植えられたシルヴァーナやケルナーが今でも存在している。

白ブドウ

1　ガルガネガ Garganega
濡れた麦わら色。中程度のボディがあり、ミネラルが強い。余韻に心地よい苦み。

2　コルテーゼ Cortese
緑がかった麦わら色。若葉やハーブなどの繊細な香りをもち、アルコールは低め。

3　フィアーノ Fiano
乾いた麦わら色。華やかで軽やかな香り。柑橘系のフレッシュな印象が強く、ボディは中程度。

4　グレコ Greco
山吹色に近い黄色。シャープな香りで抜けのいい強い酸味。ややタンニンがあり、硬質な味わい。

5　グレラ Glera
乾いた麦わら色。柑橘系の香りが多く、白っぽい花の香りもある。清々しい味わい。

6　ファランギーナ Falanghina
濃い濡れた麦わら色。ハーブ系やフローラルの香り。中程度のボディがあり、口当たりはなめらか。

7　モスカート・ビアンコ Moscato Bianco
緑がかった麦わら色。独特のアロマ香で果実味に溢れ、酸味はフレッシュ。

8　エルバルーチェ Erbaluce
乾いた麦わら色。白い小花、淡い色調のハーブ類などの繊細な香り。粘質が弱く、さらりとした味わい。

9 トラミネル・アロマティコ
Traminer Aromatico

黄色っぽい麦わら色。ライチを思わせる個性的なアロマ香がある。やわらかく、なめらかでアルコールは高め。

10 ヴェルディッキオ・ビアンコ
Verdicchio Bianco

黄緑がかった麦わら色。中程度のボディでミネラリック。柑橘系の皮的な苦みが伴う。

11 アルバーナ Albana

濡れた麦わら色。硬めでしっかりとした香り。酸は強めでややタンニンがある。余韻にナッツの皮的な苦み。

12 ボンビーノ・ビアンコ
Bombino Bianco

濡れた麦わら色。香りは弱く、重心は低め。適度なボディがあり、しなやかな味わい。

13 ヴェルナッチャ・ディ・サン・ジミニャーノ
Vernaccia di San Gimignano

明るい麦わら色。柑橘系とスパイス系の香り。さらりとした感触でデリケートな酸味。

14 ブラン・デ・モルジェ
Blanc de Morgex

淡く黄緑がかった麦わら色。純度の高い、シャープな酸。デリケートな香りでスレンダー。

15 ペコリーノ Pecorino

濡れた麦わら色。香りは弱めでシャープな酸。柑橘系の皮的な苦みがあり、中程度のボディ。

16 マルヴァジア・イストリアーナ
Malvasia Istriana

黄色がかった濡れた麦わら色。太めのたっぷりとした味わい。重心は低めで、密度感がある。

17 グリッロ Grillo

濡れた麦わら色。硬さのある香り。なめらかな質感でアルコールは高め。

18 カタラット Catarratto

乾いた麦わら色。香りは控えめでシンプル。中程度のボディで高めのアルコール。粘質は弱め。

19 カッリカンテ Carricante

暗めの濡れた麦わら色。しっかりとした酸があり、硬質な香り。高い密度感で粘質が強め。

20 ビアンコレッラ Biancolella

淡い山吹色。たっぷりとした、白っぽい果実系の香り。適度に厚みのあるボディ。重心は低め。

21 コーダ・ディ・ヴォルペ
Coda di Volpe

濡れた麦わら色。太めのしっかりとした酸、控えめな香り、なめらかでたっぷりとした味わい。

22 ヴェルメンティーノ
Vermentino

暗めの濡れた麦わら色。しっとりとした質感でスパイス系の硬い香り。緻密な味わい。

23 アンソニカ Ansonica

黄色みがかった麦わら色。柑橘系の軽やかな香り。爽やかな酸で粘質は弱め。

24 ティモラッソ Timorasso

乾いた麦わら色。みっちりと詰まったボディにスパイス系やケミカル系の香り。立体的な構成。

25 マルヴァジア・デル・ラツィオ
Malvasia del Lazio

黄色っぽい麦わら色。ゆったりとした果実系の香りが多く、酸はおだやか。ふっくらとした体形。

26 マルヴァジア・ビアンコ・ディ・カンディア
Malvasia Bianca di Candia

黄色っぽい明るい麦わら色。北部ではアロマが現れる。柑橘系のすっきりとした香り。厚みは中程度。

27 ピガート Pigato

黄色っぽい乾いた麦わら色。白っぽい果実系の、さっぱりとした香りと味わい。粘質は弱め。

28 ヴィトヴスカ Vitovska

乾いた麦わら色。すっきりとした果実系の香り。酸はシャープで厚みのあるボディ。

29 ノジオーラ Nosiola

暗めの乾いた麦わら色。木の実を思わせるデリケートな香りでさらりとした味わい。

30 ジビッボ Zibibbo

濃い濡れた麦わら色。強いアロマがあり、厚みのあるボディ。しっかりとした構成力。

31 マルヴァジア・ディ・リパリ
Malvasia delle Lipari

黄色みがかった琥珀色。おだやかな酸に熟れた柑橘系の香り。調和のとれた味わい。

32 ヴェルナッチャ・ディ・オリスターノ
Vernaccia di Oristano

乾いた麦わら色。果実やスパイスのしっとりとした香り、酸は低めで中程度の厚みがある。

33 ピノ・ビアンコ Pinot Bianco

乾いた麦わら色。ミネラリックな香りと味わい。強い構成力があり、密度感のあるボディ。

34 ソーヴィニヨン・ブラン
Sauvignon Blanc

緑がかった乾いた麦わら色。個性的な強いアロマ。すっきりとした酸味、後味にほろ苦さ。

35 シャルドネ Chardonnay

乾いた麦わら色。適度なボディ感にしっかりとした酸。後味に心地よい苦みがある。

36 ピノ・グリージオ
Pinot Grigio

乾いた麦わら色。ゆったりとした果実系の酸味と、豊かな香りがある。厚みのあるボディ。

37 シルヴァーナ Sylvaner

淡く、くすんだ麦わら色。セミアロマのある細やかな香り。厚みは中程度でタイトな酸。

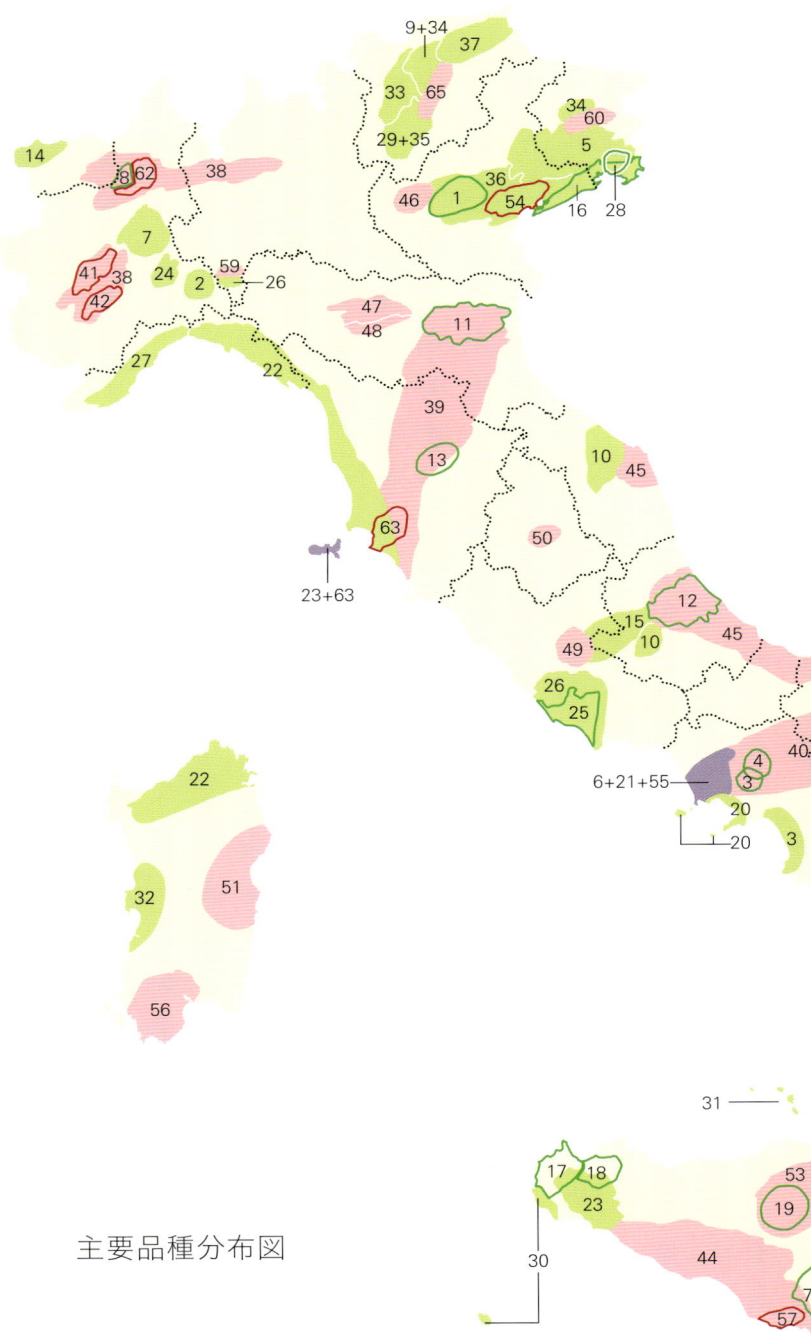

主要品種分布図

■ 白ブドウ栽培地

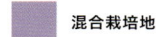

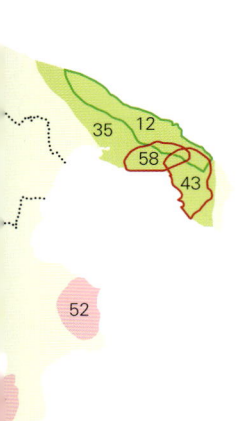

― (緑線)

■ 黒ブドウ栽培地

― (赤線)

■ 混合栽培地

白ブドウ

1. ガルガネガ
2. コルテーゼ
3. フィアーノ
4. グレコ
5. グレラ
6. ファランギーナ
7. モスカート・ビアンコ
8. エルバルーチェ
9. トラミネル・アロマティコ
10. ヴェルディッキオ・ビアンコ
11. アルバーナ
12. ボンビーノ・ビアンコ
13. ヴェルナッチャ・ディ・サン・ジミニャーノ
14. ブラン・デ・モルジェ
15. ペコリーノ
16. マルヴァジア・イストリアーナ
17. グリッロ
18. カタラット
19. カッリカンテ
20. ビアンコレッラ
21. コーダ・ディ・ヴォルペ
22. ヴェルメンティーノ
23. アンソニカ
24. ティモラッソ
25. マルヴァジア・デル・ラツィオ
26. マルヴァジア・ビアンコ・ディ・カンディア
27. ピガート
28. ヴィトヴスカ
29. ノジオーラ
30. ジビッポ
31. マルヴァジア・ディ・リパリ
32. ヴェルナッチャ・ディ・オリスターノ
33. ピノ・ビアンコ
34. ソーヴィニヨン・ブラン
35. シャルドネ
36. ピノ・グリージオ
37. シルヴァーナ

黒ブドウ

38. ネッビオーロ
39. サンジョヴェーゼ
40. アリアニコ
41. バルベーラ
42. ドルチェット
43. プリミティーヴォ
44. ネーロ・ダーヴォラ
45. モンテプルチアーノ
46. コルヴィーナ
47. ランブルスコ・ディ・ソルバーラ
48. ランブルスコ・グラスパロッサ
49. チェザネーゼ・ダッフィーレ
50. サグランティーノ
51. カンノナウ
52. ガリオッポ
53. ネレッロ・マスカレーゼ
54. レフォスコ・ダル・ペデュンコロ・ロッソ
55. ピエディロッソ
56. カリニャーノ
57. フラッパート
58. ネグロアマーロ
59. クロアティーナ
60. スキオペッティーノ
61. ネーロ・ディ・トロイア
62. ヴェスポリーナ
63. アレアティコ
64. マリオッコ・カニーノ
65. ピノ・ネーロ

＊©Mayumi Nakagawara

黒ブドウ

38 ネッビオーロ Nebbiolo
落ち着いたルビー色。しっかりとした酸、上質なタンニン。熟成によって一段と昇華する。

39 サンジョヴェーゼ Sangiovese
明るめのルビー色。抜けのいい酸に果実系の開放的な香り。上品で軽やかな味わい。

40 アリアニコ Aglianico
ガーネット色。透明感のある酸に果実系や花系の豊かな香り。安定感のある構造。

41 バルベーラ Barbera
暗めのルビー色。刺激的な強い酸が特徴的。すっきりとした香りがあり重心は高め。

42 ドルチェット Dolcetto
紫がかったルビー色。軽やかな酸にフレッシュな果実系の香りがある。細やかなディテール。

43 プリミティーヴォ Primitivo
暗っぽいルビー色。やわらかな酸で熟れた果実的な香りが多く、パワフルな味わい。

44 ネーロ・ダーヴォラ Nero d'Avola
濃いルビー色。スパイス系の香りが多く、大きめのタンニンがあり中程度のボディ。

45 モンテプルチアーノ Montepulciano
明るい紫ルビー色。柔和な酸で豊かな果実香。適度なボリュームでバランスのとれた味わい。

46 コルヴィーナ Corvina
濃い暗めのルビー色。抜けるような酸、花系の弱いアロマがあり、華やいだ香り。細やかなタンニン。

47 ランブルスコ・ディ・ソルバーラ Lambrusco di Sorbara
サクラ色。溌らつとした酸、果実系のデリケートな香り。重心が高く、調和のとれた味わい。

48 ランブルスコ・グラスパロッサ Lambrusco Grasparossa
濃い紫ルビー色。しっかりとした太めの酸、豊かな果実系の香りと味わい。

49 チェザネーゼ・ダッフィーレ Cesanese d'Affile
暗めのルビー色。タイトな酸、スパイス的な香り。繊細で冷たいタンニン。高い密度感。

50 サグランティーノ Sagrantino
紫がかったルビー色。刺さるような強い酸、黒っぽい果実とスパイスの香り。強い構成力。

51 カンノナウ Cannonau
暗いルビー色。太めの酸でスパイス的な香りがある。重心は低めでどっしりとしている。

52 ガリオッポ Gaglioppo
暗めのルビー色。ゆったりとした酸、スパイス系、小果実系の香り。タンニンは大きめ。

53 ネレッロ・マスカレーゼ Nerello Mascalese
薄めのルビー色。透明感のある酸に果実系や花系のデリケートな香り。細やかな構成。

54 レフォスコ・ダル・ペデュンコロ・ロッソ Refosco dal Peduncolo Rosso
黒っぽく、濃いルビー色。凛とした酸、スパイス的な香りがある。大きめで強固なタンニン。

55 ピエディロッソ Piedirosso
ガーネットがかったルビー色。やわらかな酸で花系や果実系のすっきりとした香りがある。

56 カリニャーノ Carignano
暗く、濃いルビー色。太くしっかりとした酸、スパイス系の硬い香り。筋肉質的なボディ。

57 フラッパート Frappato
淡いルビー色。ゆったりとした酸、赤い小果実系のチャーミングな香り。ボリュームは小さめ。

58 ネグロアマーロ Negroamaro
ガーネット色。スパイス的な香りが多く、後香に燻した香りが残る。中程度の厚み。

59 クロアティーナ Croatina
鮮やかなルビー色。控えめな酸。セミアロマ香があり、他に花系や果実系の豊かな香り。

60 スキオペッティーノ Schioppettino
紫がかったルビー色。すっきりとした酸に果実系のゆったりとした香り。適度なボディ感。

61 ネーロ・ディ・トロイア Nero di Troia
暗めのルビー色。芯のある酸に花系や果実系の複雑な香りがある。冷やかなタンニン。

62 ヴェスポリーナ Vesporina
紫がかったルビー色。抜けのいい酸、花系やスパイス系のアロマ香。すっきりとした味わい。

63 アレアティコ Aleatico
紫がかったガーネット。特徴的な花系のアロマがあり、果実味に溢れた丸みのある味わい。

64 マリオッコ・カニーノ Magliocco Canino
かなり濃いルビー色。しっかりとした酸、スパイス的な香り。タンニンは多めで全体に柔和。

65 ピノ・ネーロ Pinot Nero
薄めのルビー色。上品ですっきりとした酸、多彩な香り。しなやかで繊細な味わい。

5 醸造

醸しと発酵

ブドウの果汁がアルコールに変わる過程のこと。
温度管理や使う技法、タンクの材質の違いによって、
色、香り、タンニンの質などワインの輪郭が決まる。

　黒ブドウを収穫した後、果皮と果汁を一緒に漬け込み、果皮からの赤い色素を抽出する作業を醸(かも)しと言う。この時間が長ければ、濃い色のワインになり、短いと薄い色のワインになる。通常は10〜20日間漬け込むが、ロゼは短く数時間だけ漬け込み、その後に果皮を取り出すため色が薄い。また、醸しは色素だけではなく、アロマやタンニンも抽出する。醸しの時間は長ければよいというものではなく、長くなるとネガティブな苦みなどが出てきたり、酸化が進むといったマイナス面も多い。一般的に白ブドウは醸しを行なわないが、アロマ香を多く抽出したい時に、低温で果皮を数時間だけ漬ける場合がある。

　また、醸しを行なっている間にアルコール発酵が始まるが、発酵が進むにつれて液体の温度が上がり、発酵が終わりに近づくと温度が下がる。この発酵期間の温度を32℃前後の自然な温度に任せておくのか、または、温度をコントロールして28℃前後で抑えるのがよいのか。発酵タンクのふたをせずにオープンのまま発酵を進めるのか、それとも一部分だけ開けて行なうのか。ブドウの果皮が液体の上に浮き上がってくるためにタンクの下から液体をポンプで抜き出し、タンクの上から液体をかけて果皮を沈ませる方法を「ルモンタージュ」と言うが、この果皮と液体を接触させる回数を一日に何回行なうのか。いずれの工程も、果汁の状態、品種の特性、酸度や糖度やpHなどの分析表の数値などを考えながら、醸造家や生産者が自分たちの理想のワインのスタイルを追い求めて慎重に決めていく。

　これらの作業に使われる容器はステンレス製のタンク、大きな木桶、

またはセメントタンクなどがあり、それぞれの用途、特性によって使い分ける。一般的にステンレスタンクは白ワインと早飲みの赤ワイン、木桶は熟成が必要な赤ワイン、セメントタンクは幅広いタイプに使われる。

醸しが終わると果皮を取り出しプレスを行ない、液体だけをタンクに戻す。この状態で糖分がすべてアルコールに変わり、甘さは残っていない。この液体を休ませて安定させることを熟成という。ただし、白ワインの一部と赤ワインは、アルコール発酵が終わった後に乳酸発酵させる。乳酸発酵することによってワインの酸味がおだやかになる。

● **ワインができるまで**

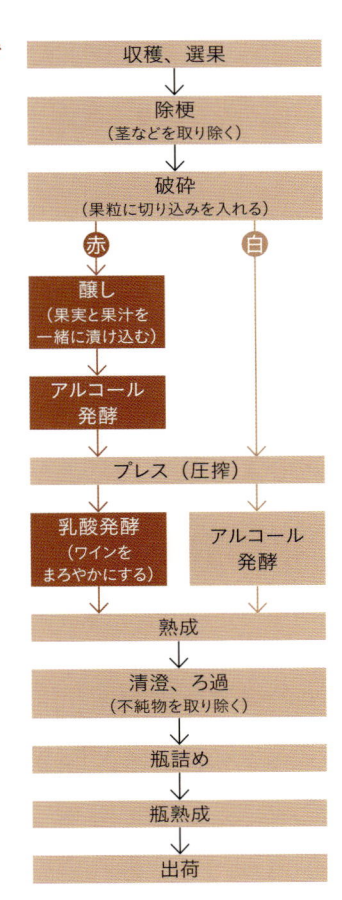

収穫、選果
↓
除梗
（茎などを取り除く）
↓
破砕
（果粒に切り込みを入れる）
↓
🔴赤 　　　⚪白
↓　　　　　↓
醸し
（果実と果汁を
一緒に漬け込む）
↓
アルコール発酵
↓
プレス（圧搾）
↓　　　　　↓
乳酸発酵　アルコール
（ワインを　発酵
まろやかにする）
↓
熟成
↓
清澄、ろ過
（不純物を取り除く）
↓
瓶詰め
↓
瓶熟成
↓
出荷

熟成......

発酵終了後に、ワインを休ませ、安定させる工程。
ワインはゆっくりと空気に触れることで、
新たな香りを生み出し、複雑な香りを造り出す。
さらに瓶内熟成によって、ワインの個性が完成する。

　発酵が終わったワインを休ませ、安定させるために使われる容器は、木製の樽、もしくはステンレス製のタンクが使われる。木樽には225l（リットル）のバリック樽と呼ばれるものから、100hl（ヘクトリットル）の大樽までいろいろなサイズがある。ワインは木樽を通して空気に触れながら、ゆっくりと酸化熟成していく。小さな木樽は容積に対して表面積が大きいため、空気に触れる面積も広く、酸化熟成が早く進む。

　ステンレス製タンクで熟成させるワインは、白、赤ともにフレッシュな味わいを楽しむワインが多く、せいぜい3ヵ月〜半年間ぐらいの熟成期間を経て瓶に詰められる。したがって、市場に出回るヴィンテージは収穫した年の翌年が多い。反対に、木樽の場合は2〜5年間ぐらいかけて、ゆっくりと熟成させるタイプのワインである。ワインは木樽の細かい木目から、少しずつ空気に触れて、長い年月をかけて熟成していく。長期熟成するワインは、ワインにポテンシャルのある、長期熟成に耐えうるワインでなければならない。酸度があり、複雑な要素をもち合わせた、選ばれたワインのみである。

　ワインは熟成によって、新たな香りと味わいが生まれる。発酵終了直後のワインはブルーベリーの果実そのものの新鮮な香りと味わいで構成されているが、熟成したワインには、ブルーベリージャム、ブルーベリーのリキュール漬けなど、単に新鮮な果実のイメージから、新たな複雑さがワインに加わる。また、バリックのような小さな樽を使用すると、樽からの成分がよく抽出され、バニラ、チョコレート、トースト、バターなどの香りがワインに生まれる。

　最後の工程は瓶詰後の瓶内熟成である。ステンレスタンクなどで造るワインは、安定させる目的のみで行なわれ、3〜4ヵ月間程度の短期間

の瓶熟成になる。一方、木樽を使ったワインは最低でも1年以上は瓶で休ませる。中には30年以上もの長期に渡って瓶内で熟成できるワインもあり、例えば、バローロやブルネッロ・ディ・モンタルチーノなどの優良生産者が造った、よいヴィンテージのワインがそれに当たる。

　長い間、瓶の中で熟成したワインは色がレンガ色に変わり、香りや味わいがさらに複雑に変化し、新たに腐葉土、なめし皮など、しっとりとした妖艶な香りが熟成香として現れてくる。味わいにも深みが増し、なんともいえぬ悦楽な気持ちにさせてくれる。コルクを抜いてすぐは、何十年もの眠りから覚めたばかりで香りも味わいも閉じているが、グラスを回して空気に触れさせるとワインが少しずつ開きはじめ、いろいろな表情が見えてくる。

ワインの個性とヴィンテージを読み解く

　品種も含めた栽培環境と醸造・熟成について解説してきたが、これらの組み合わせによって、それぞれのワインの個性ができ上がる。ここでは、具体的な例としてワインのテクニカルシートを軸に、その年の気象情報をプラスして、でき上がったワインを解説してみよう。テクニカルシートの情報から、ワインの味わいが想像できるからだ。

```
ワイン名     ：キアンティ・クラッシコ
ヴィンテージ ：2006年
品種         ：サンジョヴェーゼ
土壌         ：石礫を含む石灰質
標高         ：350m
方位         ：南から南西
仕立て方     ：コルドーネ・スペロナート
植栽密度     ：6,000本／ha
収量         ：4.5t／ha
樹齢         ：40年
醸造方法     ：醸しは19日間。その後の発酵はステンレスタンクで
               温度を31℃以下にコントロールしながら10日間。
               熟成は木樽（225l）で18ヵ月間。瓶熟成は最低6ヵ月間。
```

　キアンティ・クラッシコの産地は、トスカーナのアペニン山脈の西側に広がる。産地全体としては山岳性気候になり、このブドウ畑のある標高350mの高さは、キアンティ・クラッシコの中でも涼しい場所になる。

　まずは、この年の気象情報を押さえておこう。2006年は前年から降り続いた雨が充分に地中に溜まり、その後は春先から気温が上昇し、降雨がなく乾燥した日が続いた。6～7月も平年に比べて高い気温が続いたが、地中に蓄えられた水分のおかげで水不足の心配もなく、ブドウは順調に生育した。8月には数回の降雨があり、気温も上がり、収穫前の9月上旬には一時、日中の気温が異常に高くなり、急激に暑さが戻った。この地域のサンジョヴェーゼの収穫期に当たる9月下旬、今度は急激に気温が下がったが、石礫を含む土壌は日光の熱を保つため、夜間の気温低下を妨げ、最終段階ではブドウを完熟に導いた。

　この畑は標高が350mと、やや高くて涼しいため、暑さによる問題はなかったと思われる。また、畑の方位が南から南西向きなので、充分な日照量を得られ、収穫期にはよい状態でブドウを収穫できたと推察する。

南向きの畑で、コルドーネ・スペロナート仕立てということは、日照量が多くなり、サンジョヴェーゼのように果皮の薄いブドウは果粒が焼けてしまう心配があるが、ここはやや標高が高くて涼しいため、日差しが強くなる7〜8月上旬でもそれほどの暑さにはならず、問題がなかったと思われる。山岳気候で、降水量がやや多い地域だが、06年の降雨は乾燥した時期の後だったために、恵みの雨となり、ポジティブに働いた。

　植栽密度が6,000本／haでは、それほど密植率も高くないので、適度な風通しができ、収穫期に降った雨も問題がなかったはずだ。

　収量が4.5t／haと少なめなのは、いくつかの理由が考えられる。まず、樹齢が古いと自然に収量が低くなる。さらにやせた石灰質土壌だと、果粒は大きくならずに一房が小さくなり、ヘクタール当たりの収量も下がる。人的要素としては、選果による収量調整も考えられる。実際のところは、6〜7月の果粒が成長する時期に、地中に蓄えられていた水分だけでは不充分で、やや小さめの果粒になった。

　樹齢40年は比較的古い樹齢で、ブドウの根がある程度、地中深く伸びているので、急激な気候変動にも多少は耐えられ、干ばつの心配もないはずだ。

　そして、果粒が色づき始めた8月頃から暑さが戻ったことで、ポリフェノールと糖度が充分に得られた。さらに、収穫前に気温が低下したため、酸度が保たれ、豊かなアロマが生まれたと推察できる。温度をコントロールしながら、比較的長めに19日間の醸し期間で、色素抽出は充分にできただろう。その後、バリック樽で18ヵ月間の熟成ということは、色素が安定し、樽からのニュアンスもワインに関与しているはずである。ワインは濃いめのルビー色、フローラル、スパイス感のある、豊かな香りで心地よい酸味があり、適度なボディがあると予想される。

　このように基本的なワイン造りの条件を知って、テクニカルシートを見るとワインの特徴が想像できるようになる。

❻ ワインの種類

ワイン造りの歴史が長いイタリアでは、
独自のワイン文化が発展してきた。
中でも温暖な気候から生まれた甘口ワインは
最もイタリアらしいワインと言える。

発泡性ワイン

　世界的に知られている泡のワインといえば、フランスのシャンパーニュだが、この発泡性ワインは「瓶内二次発酵方式」で造られる。

　通常、ワインの発酵は一度だけだが、この瓶内二次発酵では二度、しかも二度めは瓶の中で発酵させるため、このように呼ばれる。密封された瓶内ではわずかな空気にしか触れないため、発酵がゆっくりと進み、二酸化炭素が瓶内に溜まって気泡となり、発泡性のワインになる。この二度めの発酵に２年近くを要するため、必然的にこのワインは長期熟成させることになる。また、シャンパーニュのチョーク土壌はやわらかく、ブドウの根が地中深くまで伸び、複雑な成分を吸い上げる。さらに冷涼な地域のため、ブドウの酸度が得られやすいなど、シャンパーニュには長期熟成できるワインの環境が揃っている。

　それに比べてイタリアの発泡性ワインは、フレッシュな味わいを楽しむ早飲みタイプが中心だ。瓶内二次発酵で造られる発泡性ワインもあるが、主流は「シャルマ方式」と呼ばれる、大きな密閉式のステンレスタンクに果汁を入れて、アルコール発酵させてワインを造る。発酵の際に二酸化炭素が発生するが、密閉されているのでガスが放出されずにタンク内に残り、このガスが入ったまま瓶詰めするために発泡性となる。代表的なものはピエモンテの甘口、モスカート・スプマンテやプロセッコである。イタリアの気候はフランスに比べると全体的に暖かく、豊かな香りと果実味に溢れたブドウが多い。このような栽培環境やブドウの特性を生かすためにも、このシャルマ方式がふさわしい。

白ワイン

　イタリアワインはブドウ品種の数が多いため、味わいのバリーションが多彩だ。これが一番の特徴ではあるが、ここでは、世界中で植えられているシャルドネ種を例に味わいの傾向を比べてみよう。

　カリフォルニアやオーストラリアなどの新世界ワインのシャルドネは、無機質でクリーンな味わいで、エッジが立っている。また、抜けのよさが特徴で、ワインに強弱とメリハリがある。そして、シャルドネらしい厚みのある筋肉質的な密度感と、なめらかさも兼ね備えている。それに比べて、ヨーロッパのシャルドネは陰影があり、新世界が「明」であれば、ヨーロッパは「暗」というべき複雑な表情をもつ。ブルゴーニュにはどっしりとした威厳があり、グリップも厚く、男性的な強さがあり、シャルドネの王と呼ぶべきワインである。一方、イタリアはブルゴーニュほどの重さや強さはないものの、ボディの輪郭が大きめで、エッジのないゆるやかな曲線美があり、複雑な香りをもち合わせている。そして、余韻にほどよい苦みが現れる。

　全体的にイタリアの白ワインには内向的な趣きがあり、ヨーロッパの中でも光が差し込むように眩しく、軽快さのあるオーストリアとは違い、しっとりとした情緒的な佇まいを感じる、おだやかな味わいのワインが多い。また、マルヴァジアやモスカートなどの品種の特性から由来する、アロマティックな香りの白ワインもよく見かける。

　フランスはミネラリーな白ワインが多いが、イタリアにはミネラリーなワインもあるが、全体的にはグレープフルーツ、リンゴなどの果実的な味わいの白ワインが多数を占める。

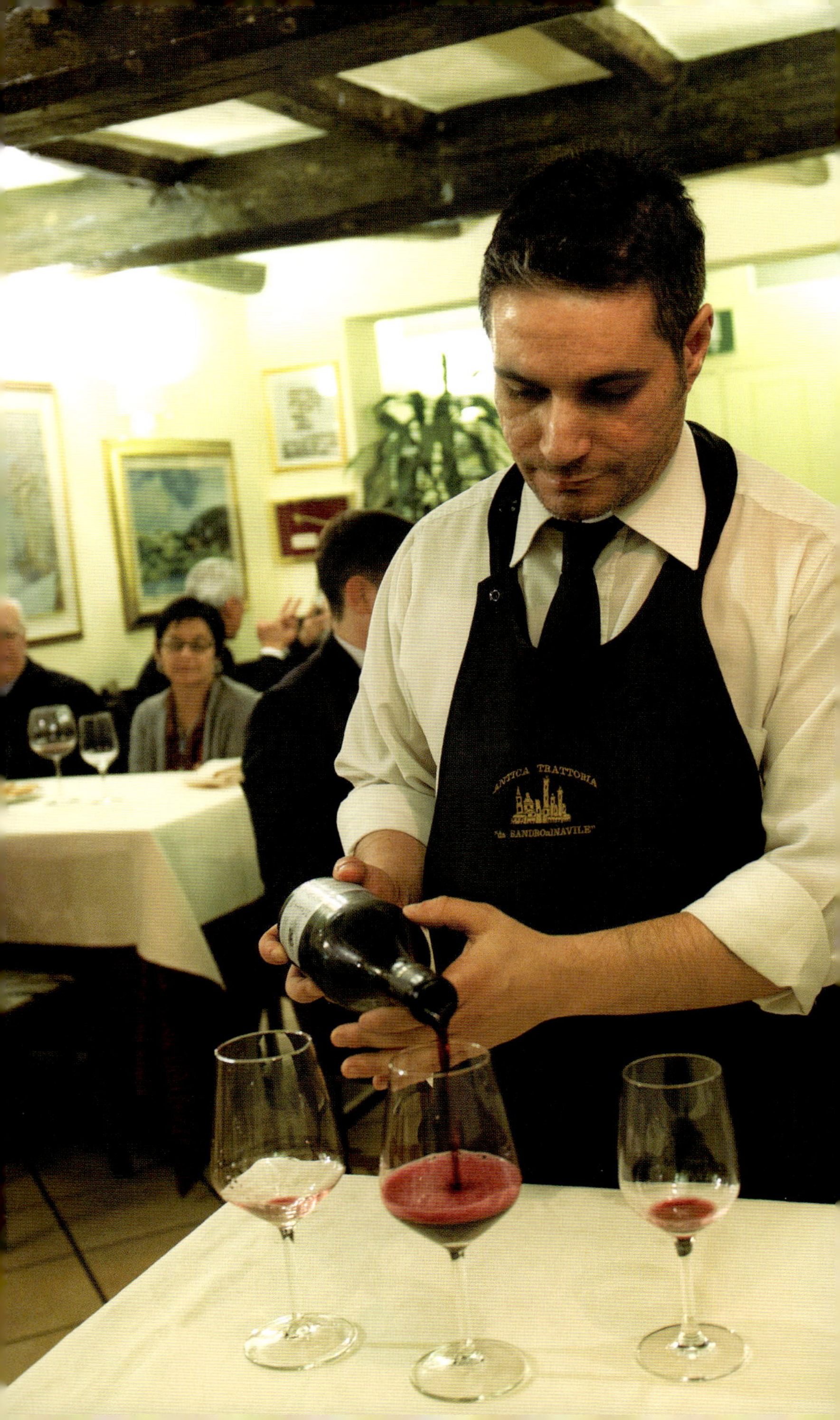
ANTICA TRATTORIA
"da SANDRO al NAVILE"

ロゼワイン

　通常、黒ブドウの醸し（発酵時に果皮と果汁を接触させる）の時間を短くすると、色素を抽出する時間も短くなるために色が薄くなる。ロゼの平均は3〜4時間といったところだろう。しかし、イタリアには赤ワインとして造りながら、ロゼのような色調になるワインがある。例えば、スキアーヴァやロセーゼ、ランブルスコ・ソルバーラなどの品種を使ったワインである。これらのブドウ品種はもとのブドウの色素が淡いため、長時間醸しても色素抽出が少ない（反対に、抽出が短時間でも濃い色調になるモンテプルチアーノやドルチェットなどの色素が多い品種もある）。このようにイタリアワインのロゼというカテゴリーは幅広く、赤ワインとの境界線が難しい。グラスを通して反対側が透けて見えるかどうかという、クラシカルで大雑把な判別の仕方しか思いつかない。

　また、カラブリアのチロや、プーリアのサーリチェ・サレンティーノのような地域では、黒ブドウのワインの歴史が赤ワインではなく、ロゼから始まったところもある。なぜなら、この地域はブドウの収穫が終わり、発酵を始める時期でも気温が高く、温度調節の技術がない昔は、醸しの期間を長くすると果皮が腐敗してしまうために、短期間しか漬け込むことができなかったからである。当時は赤ワインと呼ばれていたが、必然的に色調も薄く、現在のロゼの色調だったようだ。このため、南部にロゼワインのカテゴリーができたのは醸造設備が整った近年になってからのことだ。

　このように、イタリアのロゼワインはブドウ品種の色素の違いや地域特性、歴史的背景もプラスされて、ロゼの色調が変わり、グラデーションのようにさまざまな色調のものが存在する。また、ガルダ湖畔で造られるガルダ・クラッシコ・キアレットやバルドリーノ・キアレットのように、多品種から造られるロゼもイタリアの特徴といえるだろう。

　フランスのロゼといえば、ロゼ・ダンジュやプロヴァンスのロゼが有名だが、サクラ色の淡い色調、フローラルでデリケートな香りの印象がある。双方のロゼワインを比べると、フランスは淡い色調でデリケートで繊細な味わい、イタリアは濃いめの色調で華やいだ香りに適度な厚みのある味わい、という違いになるだろう。

赤ワイン

　赤ワインといえば、他国はカベルネ・ソーヴィニヨン、メルロ、シラー、ピノ・ノワールが主要品種になっているが、イタリアは白ワインと同様に土着品種が多いため、赤ワインもバラエティーに富んでいる。

　新世界、とくにオーストラリア、チリなどは、凝縮した果実味があり、パワーのある赤ワインのラインナップが豊富にある。新世界全体では、バランスがよく、適度なボディ感と果実味、リッチな味わい、そして、コストパフォーマンスのよさが特徴といえる。フランスにはテロワールでワインを語るブルゴーニュと、ブランド構築したボルドーが代表的なワインだが、どちらも完成度が高く、微細な部分までシンメトリーに構成されて、きれいに内側に収まっている。

　これらとイタリアの赤ワインを比べると、他国よりややいびつな形状で、それぞれのワインに個性的なディテールがある。表面のなめらかさの上にタンニン、酸、ミネラルが乗り、それぞれの要素が突起して、ワインが外側に向かって構成されているような感じを受ける。

　フランスワインには主軸があり、それを中心に構成されているのに比べ、イタリアワインは中心軸があるにはあるが、構成の主軸は両外側にあり、この外側の柱にタンニン、酸、ミネラルが付着して、複雑なテクスチャーを構成している。ゆえになめらかさやバランスのよさよりも、それぞれのワインに特徴的な個性が目立っている。

　そして何より、フランスとの大きな違いは、歴史的な背景にあるだろう。特別な人たちのためにあったフランスワインとは違い、イタリアワインは庶民の食卓にある日常ワインとしての歴史が長く、高貴で完成度の高いワインをめざしたフランスとは根本的な違いがある。

# 甘口ワイン

　すべてのワインのカテゴリーの中で、最もイタリアらしい特徴を表しているといえるのが、甘口ワインになる。なぜかというと、ヨーロッパの産地の中でも南に位置しているイタリアは平均気温が高く、当然、ブドウの糖度も高い。そのため、昔はアルコール発酵が始まっても、糖度が高すぎるために発酵を完全に終えることができず、ワインには糖分が残り、甘口のワインとなった。また、ブドウの糖度の高さ以外にも、収穫後に取り残した糖度の高いブドウや、水不足と過度の暑さでレーズン化したブドウなどから、甘口ワインを造る歴史もある。それらは単に食事のための甘口ワインではなく、滋養強壮剤や薬として使われていた時代もあった。これらのワインが時代を経て、醸造技術が進んだ現代にさまざまなタイプの甘口ワインとして受け継がれている。

　畑に取り残したブドウは、遅摘みワインや樹上乾燥ワインとして現代に伝わり、レーズン化したブドウはアッパシメントという製法になり、イタリアの重要なワインとして存続している。このアッパシメント製法とは、収穫後にブドウを乾燥させて凝縮させたブドウからワインを造る製法で、アマローネやヴィンサントなどがよく知られている。これらのワインには凝縮した果実味と適度な酸味がある。

　また、モスカート・ダスティやランブルスコなどの弱発泡性の甘口のワインは、糖分が残ったまま瓶詰めするため、発酵により発生した二酸化炭素が瓶内に溜まり、自然と弱発泡性ワインになる。現在もイタリアに弱発泡性ワインが多いのは、糖度が高いワインが背景にあるからだ。

　他国で甘口ワインといえば、貴腐菌の繁殖によってブドウの水分を蒸発させて造る、フランスのソーテルヌやハンガリーのトカイ、ドイツのトロッケン・ベーレン・アウスレーゼなどがある。これらはボトリティス・シネレア菌の繁殖により、独特の複雑な風味を生み出し、長期熟成に耐えうる上品で崇高なワインだが、イタリアでは風通しのよい畑が多いため、この菌の繁殖に必要な湿度が溜まりにくく、栽培条件に適さない。したがって貴腐菌で造られる甘口ワインはほとんどない。

capitolo 2

テイスティングと
ラベルの読み方

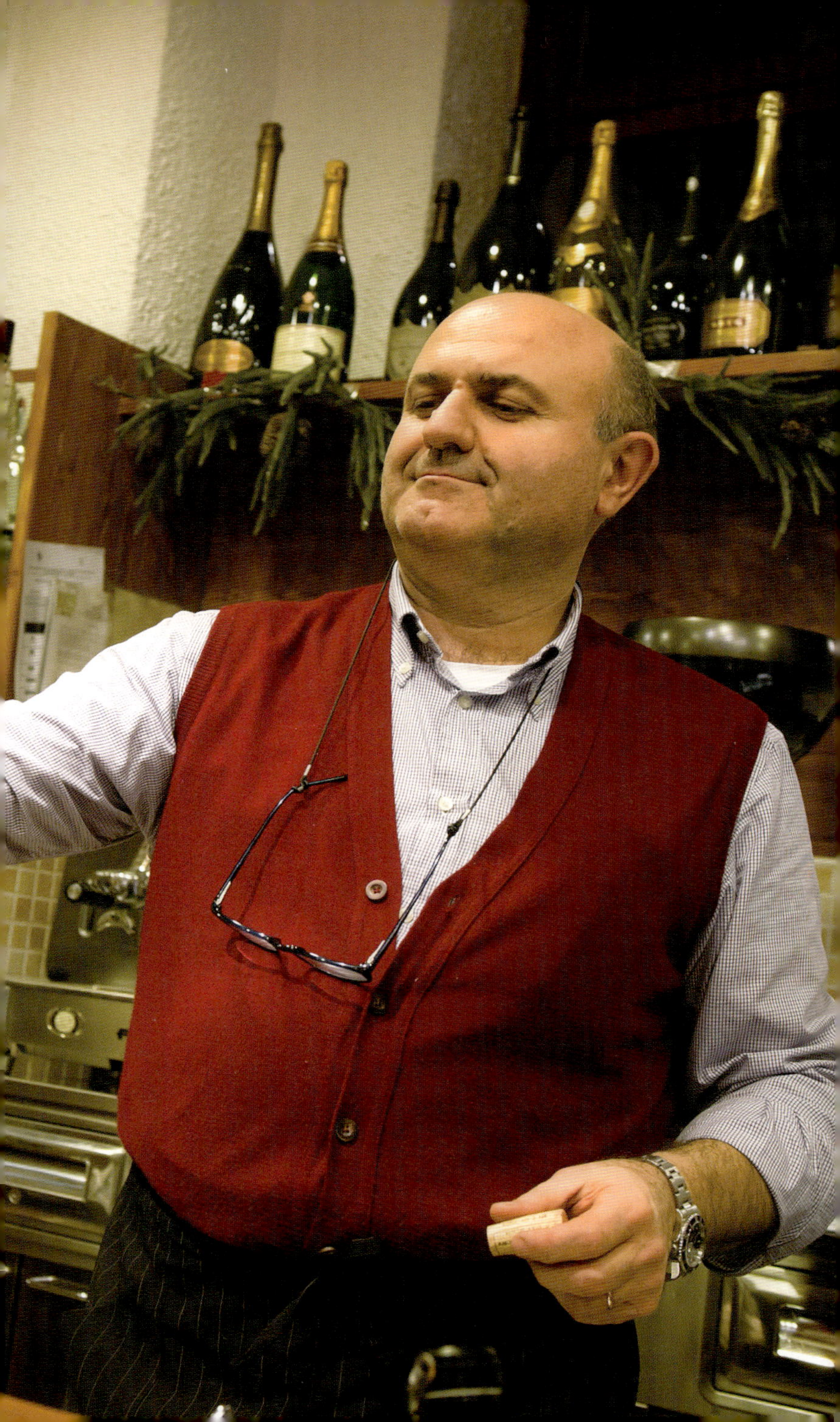

テイスティングの仕方

ワインをより深く理解し、楽しむためには、
的確なテイスティングが大切である。
色調、香り、味わいなどを総合的に捉えて、
細かなディテールと、全体の流れを感じとっていく。

　まず、テイスティングの前にはワインのコンディションを整えておかなければならない。ワインを動かした後は、2〜3日間休ませてから試飲すること。また、急激な温度変化はワインにストレスを与えるため、実際にテイスティングする時の温度で保管するのが理想的である。

　テイスティング用のグラスはワインの種類に関係なく、自分の基準を作るためにも常に同じものを使うのがよい。同じ形状のグラスを使うことによって、グラスの特性によるブレがなくなり、ワインのプラスもマイナスも見えてくるからだ。ちなみに、私は国際規格グラスより、容量、深さ、口径ともにひとまわり大ぶりな、リーデル社の「キアンティ・クラッシコ」グラスを試飲用グラスとして使っている。

色調・外観

　最初にまず、グラスにワインを注いで色を観察する。意外にも色調からわかることがたくさんある。例えば、収穫した黒ブドウの果皮が厚いと色が濃くなる。また、品種によっては紫色が濃く出てくるもの、暗く落ち着いたルビー色になるものがある。全体的な色調が明るく生き生きとしたルビー色であれば、若いヴィンテージのワイン、その反対にレンガ色をしたワインは古いヴィンテージのワインが多い。

　白ワインの色調は果皮からの影響が少ないが、若いうちは麦わら色でも、古いヴィンテージになるとワインは黄金色へと変化する。また、赤ワインの醸造過程で、醸しの時間を長くとったり、バリック樽などを使用しても色調は濃くなる。これは白ワインも同様である。

　ワインの液面とワインの色が始まる接点、この間隔を「ディスク」と呼び、ディスクが厚ければ、有機栽培のブドウを使った自然志向のワインや、醸造の際にフィルターを通さずに造ったワインであることが多い。なぜなら、自然志向派はノンフィルターを好み、ノンフィルターだと沈殿物が多いために比重が重くなり、上層部にあるディスクが厚くなるからだ。また、古いヴィンテージのワインも熟成過程でポリフェノールが減るためにディスクが厚めになる。

　ワイングラスを揺らすと、ワインの液面がゆっくりと動き、グラスとの接触点がグラスの内側に残る。この潮の満ち引きのような足跡が、ゆっくりと引けると粘性が高く、ワインにグリセリンなどが多いことがわかる。このように色調から、品種、ヴィンテージ、醸造方法などいろいろなことが推察できる。

香り

　次の段階では静かに鼻をグラスに近づける。第一印象の香りはとても大切なので必ずメモをとろう。なぜなら、どんな香りでも、その香りに慣れてしまうとやがて感覚が麻痺して印象が薄れてしまうからだ。

　香りを探すときには、ワインの色調からイメージして香りを見つけていくという方法がある。例えば、ワインが薄い乾いた麦わら色なら、レモンやグレープフルーツなど。濃い濡れた麦わら色であれば、マンゴやメロンの果肉などを思い浮かべて、これらの香りがグラスの中にあるかどうかを探してみる。そして、次々と記憶の中の香りに当てはめて連想していく。

　次に、ゆっくりとグラスを回す。このことを「スワリング」と言う。スワリングにより、眠っていた香りが呼び起こされ、アグレッシブに芳香する。鼻をグラスに近づけて香りを嗅ぎとると、いろいろな香りが感じられるはずだ。花系、スパイス系、ハーブや野菜系、木の実系、動物系、化学薬品系など、さまざまな香りに当てはめながら探していく。

　香りには3つのカテゴリーがある。品種が本来もっている香りをアロマと呼び、第一香と呼んでいる。第二香は醸造過程でできる香りのことをいう。例えば、発酵に使う酵母から由来する、パンやクッキーなどの香り、木樽を使った時に感じる黒胡椒やバニラの香りなど。そして、ワインが酸化熟成することによって出てくる香りを第三香と呼び、これらはなめし皮、キノコ類、甘草、ヨードなどの香りがある。

　一般的に、海のワインには、熟れた果実やトロピカルフルーツ系、ナッツ系、地中海ハーブ系などの厚みあるしっとりとした香りがあり、山のワインには柑橘系、新鮮なベリー系、白い花系、ハーブ系などのすっきりとした繊細な香りがあるのがわかる。

　それぞれの香りを探り出し、香りの傾向と特徴をまとめると、品種、土壌、醸造方法、ヴィンテージなどの情報がつかめ、どこの土地のワインなのかもわかってくる。

味わい

　テイスティングの最終段階で、口の中に少量のワインを入れる。
　テクニックとしては、ワインを入れた後に空気を吸い込み、その空気を使って、口腔内にワインを広げる。そして、鼻腔を通過させて鼻孔から空気を吐き出しながら、口腔内のワインの香りを内側から感じ、ワインはごくわずかを飲み込んで残りを吐き出す。この試飲技法は、慣れるまでに時間がかかるので、最初はできるだけ口腔全体で感じるようにする。なぜなら、舌先は甘さ、奥は苦み、両脇は酸味など、舌の上は場所によって感じる感覚が違うからだ。
　また、味わいと香りは切り離しては考えられない関係だ。香りに火打石の香りがして、味わいではミネラリーだと感じるなど、どちらにも関連づけられる感覚がある。中でも酸味や甘みはそれがつかみやすいだろう。例えば、香りで新鮮な柑橘系の香りがあれば、酸味はしっかりとあるだろうと予想され、蜂蜜やシロップの香りがあると、甘みが強いとも考えられる。そして、鼻孔から感じとる戻り香には、味わいと一緒に感じながら、その延長で流れるようになるのか、または被いかぶさるようになるのかを感覚的に記憶していく。
　口腔内で感じとらなければならない感覚は、酸味、甘み、苦味、塩味、アルコールの強さである。それぞれどのくらいの強さなのか、バランスはどうなのか、複雑性があるのか、それとも単調なのか、余韻が長いのか、短いのか。また、赤ワインであればタンニンの量がどのくらいあるのか、タンニンの質はよいのか、悪いのか、などを全体的に感じとり、やわらかさや硬さの触覚をイメージして全体像を捉えていく。
　概して、海のワインはおだやかな酸味、アルコール度数が高め、塩味があり、厚みのあるボディでやわらかさがあるが、山のワインは透明感のある抜けのいい酸味、適度なアルコール度数、細身で締まったボディ、硬さを備えた冷やかなタンニンのワインが多い。

テイスティングからワインを考える

　トータルでワインを考えるときには、まずは全体のバランスを見てみる。香りと味わいとが同じようなニュアンスで、重なり合う感覚なのか。そうであれば整った美しさがあるが、もし、香りと味わいがまったく反対方向のキャラクターだったとしても、ワインの個性としては面白さがあり、また、バランスがとれているともいえる。例えば、香りが爽やかな柑橘系で、清々しい印象をもちながら、味わってみるとがっちりとした太めの酸味があり、男性的な強さを感じるワインなどである。このように香りと味わいのイメージがそれぞれ正反対に位置しつつも、安定した印象をもつ場合がある。したがって、特定の方向だけではなく、全体の方向性と尺度を見据えながら、何かの要素だけが突出せず、バランスが均等であるかどうかを考える。そして、この平面的な広がりから、次は立体的な全体像を捉えていく。

　立体的とは、具体的には人の身体にたとえてみる。人に個性があるようにワインにも個性があり、そのため人にたとえるとわかりやすい。人には骨がある。その中央に一本ある背骨は太いのか、細いのか。また、背骨を支える下肢の骨は強調され、安定しているのか、不安定なのか。骨の性質はやわらかいのか、鉄のように硬いのか。骨格がしっかりとしていることを、ワインではストラクチャーが強いと表現する。容姿は重厚なのか、シンプルで簡素なのか。男性的なのか、女性的なのか。お尻が大きく、重心が低いのか。上肢の骨が張っていて重心が高いのか。このように、立体的な構成を考えて基本的な全体像を捉え、それから細かなディテールを探していく。

　次の段階は、骨についている肉づきを見る。全体的な肉づきは厚いのか、薄いのか。肉質に締まりがあるのか、ゆるいのか。複雑な要素は多いのか、少ないのか。明るいトーンなのか、暗いトーンなのかなどを加えて色づけしていく。

　そして最後に、全体の流れと質感を考える。最初に口腔に入れたときの感触をアタックと呼ぶ。それは弱いのか、強いのか。また、ワインがスムーズに入り、なめらかな肌ざわりで流れていくのであれば、シルキーとか、ビロードのような質感と言える。次に、中盤あたりに差しかかるところをミッドと言う。ここに現れる香りや味わい、ボディが薄い、厚いなど、中盤で変化した過程を感じとる。そしてアフターへと向かう。中盤から後半にかけて、鼻孔からの戻り香があるのか、それはどのような香りなのか。味わいの余韻は長いのか、短いのか。その余韻には複雑性があるのか。そして消えるように終わるフィネスがあるのかないのか、などを感じとる。

このように具体的なワインの香りや味わいの関係を考えつつ、容姿、キャラクター、流れ方など、それぞれの段階で感じとった印象を総合して、ワインのコメントを完成させる。

● **テイスティングの流れ**

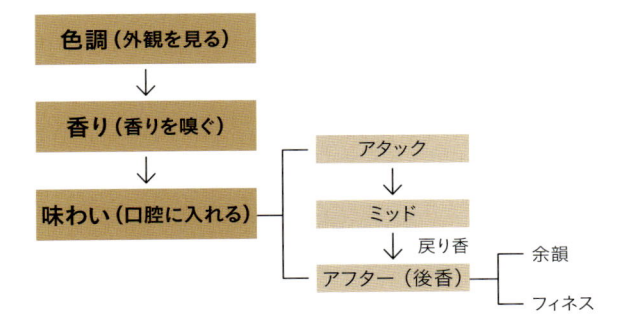

色調（外観を見る）
↓
香り（香りを嗅ぐ）
↓
味わい（口腔に入れる） ─┬─ アタック
　　　　　　　　　　　　　　↓
　　　　　　　　　　　　ミッド
　　　　　　　　　　　　　↓　戻り香
　　　　　　　　　　　　アフター（後香）─┬─ 余韻
　　　　　　　　　　　　　　　　　　　　└─ フィネス

アタック　　口腔内に入れたときの感触。

ミッド　　　中盤に差しかかったときの香り、味わい、全体のボリューム。

アフター　　後半から終盤にかけての香りと味わい。口腔で消えることを余韻といい、その長さを短い、長いと表現する。また、余韻の消え方が、糸を引くように自然に終わることを「フィネスがある」、不自然な消え方や、途切れるように終わると「フィネスがない」と言う。

2 ラベルの読み方

ワインのラベルには多くの情報が記されているが、
イタリアの場合、記載に規定がないため混乱しやすい。
その中で重要なのは、瓶詰めした住所がわかること。
ここからワイン産地を探すことができる。

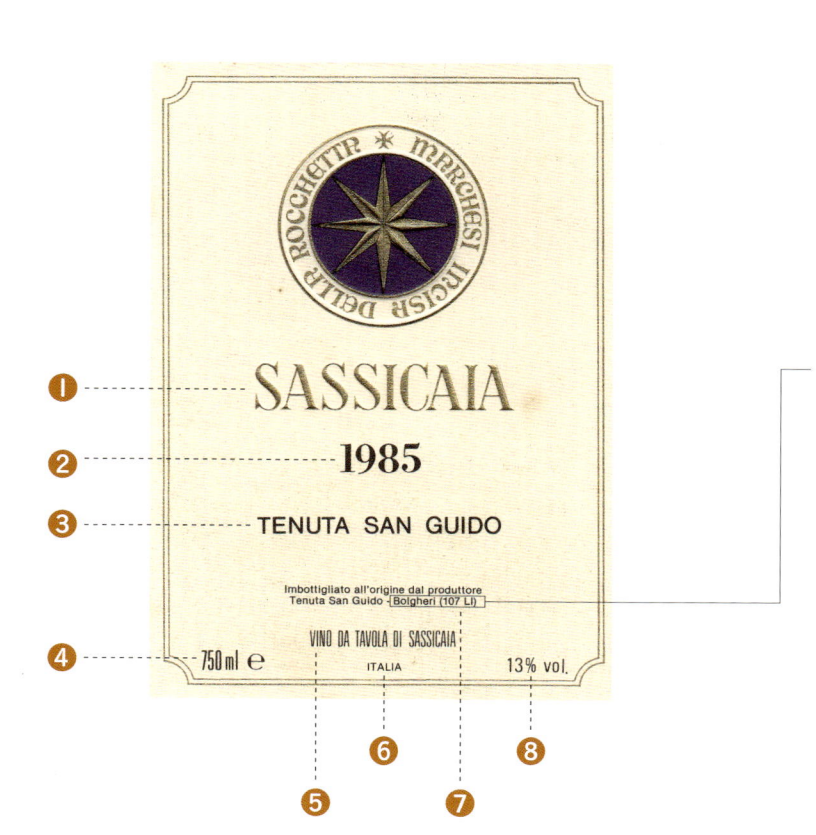

❶ SASSICAIA
❷ 1985
❸ TENUTA SAN GUIDO

Imbottigliato all'origine dal produttore
Tenuta San Guido - Bolgheri (107 Li)

❹ 750 ml e
❺ VINO DA TAVOLA DI SASSICAIA
❻ ITALIA
❽ 13% vol.

❶ ワイン名
ワインにつけられた名前。DOCGやDOCの場合は、その呼称名になる。時には生産者が独自につけた「ファンタジーネーム」が書かれている。

❷ ブドウの収穫年

❸ 生産者名
ブドウを栽培してワインを造っている人たちの名前。農家からブドウを買ってワインを造っている業者名や共同組合名。または、でき上がったワインを入手して、瓶に詰めて販売している業者名。

❹ 容量

❺ 呼称名
DOCG、DOC、IGT、VdTなど、ある一定の基準に合格したワインにつけられる呼称。

❻ 生産国名

❼ ワインの瓶詰め地(県名)

❽ アルコール度数

Bolgheri (107 LI) 拡大図

上記の■印をつけたアルファベット2文字は、県名の略称である。ラベルには瓶詰めした場所が記載されており、とくにテーブルワイン(Vino da Tavola)以上の規格は、生産地域内での瓶詰めが義務づけられているため、この県名を頼りに生産地がわかるようになっている。参考までに、次ページに県名とその略記号をまとめた(多くの場合、略記号で記される)。

イタリアワインのラベルは、いい意味で自由に作られている。分析表や味わいのコメント、ときには自筆のメッセージやサインまである。目に止まりやすく、造り手の熱い思いが伝わってくる反面、記載事項に一定の規格がないため混乱を招くことも多い。どれがワイン名なのか、土地の名前なのか、品種名なのか、あるいは生産者が独自につけたファンタジーネームなのか、ラベルを見ただけでは判別しにくいからだ。

あるいは、呼称名がわかれば、ワインの産地やおおよその品種構成を知ることができるが、DOCGとDOCだけでも400以上もあり、それらを調べるだけで大変な労力である。そこで、瓶詰め地(県名)から大まかな産地——海なのか、山なのかを知って、ワインを楽しんでもらいたい。

**トレンティーノ＝
アルト・アディジェ州**

ロンバルディア州

**フリウリ＝
ヴェネツィア・ジューリア州**

ヴァッレ・ダオスタ州

ピエモンテ州

ヴェネト州

エミリア＝ロマーニャ州

リグーリア州

マルケ州

トスカーナ州

ウンブリア州

ラツィオ州

サルデーニャ州

カンパーニャ州

シチリア州

060　2 テイスティングとラベルの読み方

イタリア県名略記号一覧 ＊2012年6月現在

- **(AG)** Agrigento — **97**
- **(AL)** Alessandria — **7**
- **(AN)** Ancona — **59**
- **(AO)** Aosta — **1**
- **(AP)** Ascoli Piceno — **62**
- **(AQ)** L'Aquila — **71**
- **(AR)** Arezzo — **55**
- **(AT)** Asti — **8**
- **(AV)** Avellino — **79**
- **(BA)** Bari — **83**
- **(BG)** Bergamo — **13**
- **(BI)** Biella — **5**
- **(BL)** Belluno — **28**
- **(BN)** Benevento — **78**
- **(BO)** Bologna — **44**
- **(BR)** Brindisi — **84**
- **(BS)** Brescia — **14**
- **(BT)** Barletta-Andria-Trani — **82**
- **(BZ)** Bolzano — **22**
- **(CA)** Cagliari — **108**
- **(CB)** Campobasso — **75**
- **(CE)** Caserta — **76**
- **(CH)** Chieti — **73**
- **(CI)** Carbonia-Iglesias — **110**
- **(CL)** Caltanissetta — **98**
- **(CN)** Cuneo — **9**
- **(CO)** Como — **11**
- **(CR)** Cremona — **20**
- **(CS)** Cosenza — **89**
- **(CT)** Catania — **100**
- **(CZ)** Catanzaro — **91**
- **(EN)** Enna — **99**
- **(FC)** Forlì-Cesena — **46**
- **(FE)** Ferrara — **43**
- **(FG)** Foggia — **81**
- **(FI)** Firenze — **52**
- **(FM)** Fermo — **61**
- **(FR)** Frosinone — **68**
- **(GE)** Genova — **37**
- **(GO)** Gorizia — **26**
- **(GR)** Grosseto — **57**
- **(IM)** Imperia — **35**
- **(IS)** Isernia — **74**
- **(KR)** Crotone — **90**
- **(LC)** Lecco — **12**
- **(LE)** Lecce — **86**
- **(LI)** Livorno — **54**
- **(LO)** Lodi — **19**
- **(LT)** Latina — **69**
- **(LU)** Lucca — **49**
- **(MB)** Monza-Brianza — **16**
- **(MC)** Macerata — **60**
- **(ME)** Messina — **96**
- **(MI)** Milano — **17**
- **(MN)** Mantova — **21**
- **(MO)** Modena — **42**
- **(MS)** Massa-Carrara — **48**
- **(MT)** Matera — **88**
- **(NA)** Napoli — **77**
- **(NO)** Novara — **3**
- **(NU)** Nuoro — **105**
- **(OG)** Ogliastra — **107**
- **(OR)** Oristano — **106**
- **(OT)** Olbia-Tempio — **103**
- **(PA)** Palermo — **95**
- **(PC)** Piacenza — **39**
- **(PD)** Padova — **33**
- **(PE)** Pescara — **72**
- **(PG)** Perugia — **63**
- **(PI)** Pisa — **53**
- **(PN)** Pordenone — **25**
- **(PO)** Prato — **51**
- **(PR)** Parma — **40**
- **(PS)** Pesaro-Urbino — **58**
- **(PT)** Pistoia — **50**
- **(PV)** Pavia — **18**
- **(PZ)** Potenza — **87**
- **(RA)** Ravenna — **45**
- **(RC)** Reggio Calabria — **93**
- **(RE)** Reggio Emilia — **41**
- **(RG)** Ragusa — **102**
- **(RI)** Rieti — **66**
- **(RM)** Roma — **67**
- **(RN)** Rimini — **47**
- **(RO)** Rovigo — **34**
- **(SA)** Salerno — **80**
- **(SI)** Siena — **56**
- **(SO)** Sondrio — **10**
- **(SP)** La Spezia — **38**
- **(SR)** Siracusa — **101**
- **(SS)** Sassari — **104**
- **(SV)** Savona — **36**
- **(TA)** Taranto — **85**
- **(TE)** Teramo — **70**
- **(TN)** Trento — **23**
- **(TO)** Torino — **6**
- **(TP)** Trapani — **94**
- **(TR)** Terni — **64**
- **(TS)** Trieste — **27**
- **(TV)** Treviso — **29**
- **(UD)** Udine — **24**
- **(VA)** Varese — **15**
- **(VB)** Verbano-Cusio-Ossola — **2**
- **(VC)** Vercelli — **4**
- **(VE)** Venezia — **30**
- **(VI)** Vicenza — **31**
- **(VR)** Verona — **32**
- **(VS)** Medio Campidano — **109**
- **(VT)** Viterbo — **65**
- **(VV)** Vibo Valentia — **92**

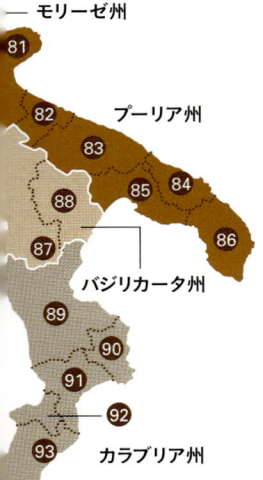

— アブルッツォ州
— モリーゼ州

プーリア州
バジリカータ州
カラブリア州

ラベルの読み方　061

capitolo 3

イタリアワインを知る114本

ORNELLAIA
ARNALDO-CAPRAI
GAJA
RADIKON
BORGO DEL TIGLIO
BORGO DEL TIGLIO
Jermann
Jermann
ROSAZZO
Livio Felluga
Livio Felluga
SAUVIGNON
LA TUNELLA
REFOSCO
VALMASIA
INAMA
INAMA
BRADISISMO
INAMA
VIN SOAVE
SOAVE CLASSICO
VULCAIA
PINOT GRIGIO

ワインデータの見方

❶ ワイン番号
本書の見返し（本を開いた最初と最後の部分。表紙の裏）にあるワイン産地MAP、P.204〜のindexと共通の番号。

❷ ワイン名
""で囲んだ部分（大文字）は、生産者が独自につけたファンタジーネーム。

❸ 生産者名

❹ 生産地

❺ ワインの種別

❻ 海・山の区分

❼ ワインデータ
ブドウ畑、およびワイン造りの概要。品種など複数あるものは、多いものから順に記載。

❽ 味わいのスケール 2種
（下記参照）

❾ ワイン解説

❿ 料理との相性
★★★　さまざまな料理に幅広く合わせやすい
★★　広く料理に合わせやすい
★　料理を選べば合わせられる
☆　料理と合わせることが難しい

＊掲載したワインは、2011年12月末、イタリア国内で入手可能な現行ヴィンテージで試飲しました。コメントは製造年に左右されない特徴的な香りや味わいを記しています（ヴィンテージは記載していません）。

＊掲載したワインは、日本未発売のものも含まれています。

味わいのスケール 2種について

・「酸味」「果実味」「ミネラル感」は、それぞれ1（最小）〜5（最大）で表しています。

・「ボリューム」は○、「重心」は◇で、それぞれ1〜5段階で示しています。ボリュームは1（最小）〜5（最大）、重心は1（低い）〜5（高い）ことを表しています。

・「ボリューム」はワイン全体の大きさのことで、大きければ複雑性があり、アルコールが高く、赤ワインであればタンニンが多いワインという意味です。また、「重心」はワインを高低の軸で捉えたもので、高ければすっきりとした印象で、低ければどっしりとした印象です。このボリュームと重心の重なり方で、ワイン全体を立体的に捉えることができます。右上の例では、酸味が1でかなり少なめ、果実味は3で適度にあり、ミネラル感は4でしっかりと感じられることを示しています。ボリュームが4、重心が2ということは、重心がやや低めでどっしりとしていて、ボリュームがたっぷりとあり、全体的に重厚なワインであることがわかります。

❶
❷
❸
❹
❺
❻
❼
❽
❾
❿

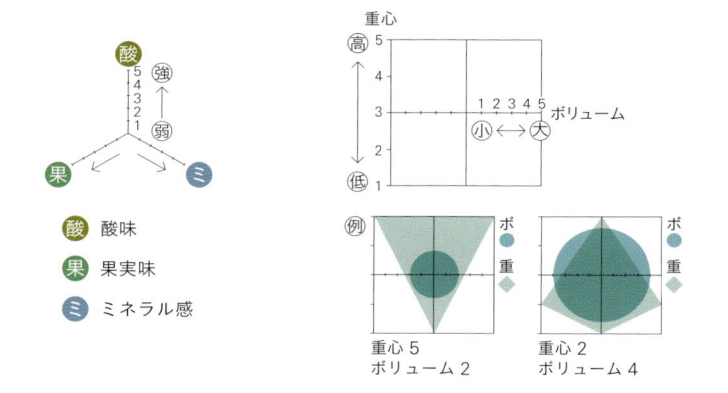

ラクリマ・クリスティ・デル・ヴェスーヴィオ・ロッソ
"ヴェルサクリュム"
Lacryma Christi del Vesuvio Rosso "VERSACRUM"
ソッレンティーノ Azienda Vitivinicola Sorrentino

土壌　　：火山性、砂質
品種　　：ピエディロッソ、アリアニコ
醸造方法：発酵はステンレスタンク、熟成もステ
　　　　　ンレスタンクで10ヵ月間。瓶熟成は
　　　　　最低3ヵ月間。

標高　　　：500m
方位　　　：東から西
仕立て方　：垣根式
樹齢　　　：2000年
植栽密度　：3,500本／ha
収量　　　：9.0t／ha

ワイン解説

この畑はヴェスーヴィオ山の南西側の裾野にあり、ポンペイから北東に2km、海から5kmの距離にある。土壌は海に近いため、火山性に加えて砂質が多く含まれ、水はけがとてもいい。カンパーニャの海岸沿いに多く植えられている黒ブドウ品種のピエディロッソは、ナポリの西、ポッツォーリ辺りではサラサラとしたグレー色の火山灰土壌に植えられ、ワインにタバコっぽいスモーキーな香りがあり、軽い味わい。しかし、ここでは同じ火山性とはいえ、有機物成分の違いにより、ミネラリックで火打石のような香りがする。

独特のラベンダーを思わせるアロマ香があり、酸がやわらかい。中盤からは汗っぽい、塩っぽい動物的な香りが現れ、生々しい感覚に襲われるが、全体としては力が抜けた開放的な味わい。

料理との相性

やわらかで広がりのある味わいから金目鯛の煮付け、昆布巻き。ワイルドさからチンジャオロース―、すき焼き、ウサギの照り焼き風ロースト。アロマティックな香りから台湾の腸詰め（香腸）豆板醤添え。醤油との相性がよい。ソースや味つけに粘性のある料理。　★★

カンパーニャ州　081

海のワイン

❶ リヴィエラ・リグレ・ポネンテ・ピガート
Riviera Ligure Ponente Pigato

テッレ・ロッセ　Cascina delle Terre Rosse

土壌　　：粘土質、石灰質
品種　　：ピガート
醸造方法：発酵はステンレスタンク、熟成もステンレスタンクで5～6ヵ月間。瓶熟成は最低3ヵ月間。

標高　　：300m
方位　　：南西
仕立て方：垣根式（グイヨ）
植樹期　：1972～1992年
植栽密度：6,000本 / ha
収量　　：8.0t / ha

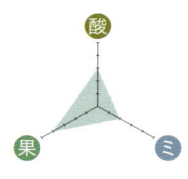

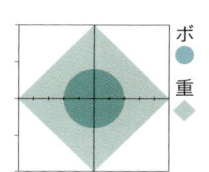

🍷 ワイン解説

　ジェノヴァ湾の西側、フランス国境の近くに畑がある。このワインに使われるピガート種は、ヴェルメンティーノ種と同一品種であることが近年の研究で明らかになった。とはいえ、長い年月をかけて土地に根づいた品種は、その土地ならではの個性を形成する。

　このピガートもヴェルメティーノとは違い、やわらかさがあり、嗅いでみると白桃などの熟れた白っぽい果実やアンズなどの豊かな果実味が感じられ、ミネラル感は少ない。そして、強い海風の影響で生まれたアロマも現れている。

　ふっくらとした女性的なボディラインで骨格はやや太め。酸味は奥まっているが、ちゃんと主軸として支えている。海のワインらしい、なんておおらかな味わいなのだろう。

🍴 料理との相性

アロマ香とやわらかな感触から小エビのクリームパスタ。塩味とハーブ香からズッキーニや黄ピーマンのフリット。同じボリューム感からムール貝のマリネ。野菜や魚介類を使った、軽めの料理やパスタ。　★★★

リグーリア州　067

❷ チンクエ・テッレ "ビアンコ・セッコ"
Cinque Terre "BIANCO SECCO"
ポッサ　Azienda Agricola Possa

白

土壌　　：礫を多く含んだ砂質
品種　　：ボスコ、他多種
醸造方法：発酵はアカシア樽、熟成はステンレスタンクで10ヵ月間。瓶熟成は最低5ヵ月間。

標高　　：0〜400m
方位　　：南東
仕立て方：ペルゴラ・バッソ
植樹期　：1982〜1997年
植栽密度：10,000本 / ha
収量　　：4.5t / ha

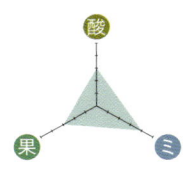

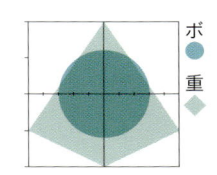

ワイン解説

　急勾配の崖っぷちに張りつくように開墾された畑は、階段のステップのように作られ、海岸線に沿って連なっている。目がくらみそうな急斜面の畑から見下ろすと、地中海の碧さが視界に飛び込んでくる。ブドウは海からの眩しい照り返しを受けながら、強い海風を避けるように低い仕立てで栽培されている。

　ワインには菩提樹の花、アンズのシロップ漬け、オレンジの皮、白胡椒などのしっかりとした香りがあり、ベーシックな味わいは塩味が支えている。眩しい日差しに打ち勝った強さが、沸き上がるエネルギーとなり、ワインにも現れている。そう、かなり重心も低く、どっしりとした味わいだ。また、一方ではおだやかな酸味が全体に広がり、塩味が層を成すように味わいに重なっていく。

　地中海で育ったブドウの、荒々しくも、たくましい味わいが感じられる。

料理との相性

適度な重さから詰め物をしたイカのトマト煮込み。ベースにある塩味からカラスミのリゾット。厚みのあるボディから豚肉の味噌漬け焼き。やわらかな全体像から白菜と蟹のクリーム煮。素材は魚介類に限らず、白身肉でも合う。　★★★

リグーリア州

❸ コッリ・ディ・ルーニ・ヴェルメンティーノ "コスタ・マリーナ"

Colli di Luni Vermentino "COSTA MARINA"

オッタヴィアーノ・ランブルスキ　Ottaviano Lambruschi

白

土壌　　：石礫、砂質、粘土質
品種　　：ヴェルメンティーノ
醸造方法：発酵はステンレスタンク、熟成もステンレスタンクで6ヵ月間。

標高　　：220m
方位　　：南東
仕立て方：垣根式（グイヨ）
植樹期　：1972年
植栽密度：4,000本 / ha
収量　　：6.0t / ha

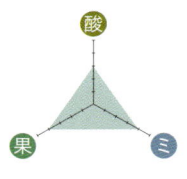

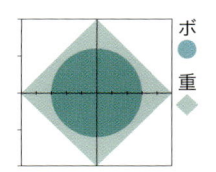

🍷 ワイン解説

　地中海を望む場所にブドウ畑が開けている。この地域の畑はどこも東南から南西向きになり、充分な日照量が得られる。また、海からの風が直接畑に当たり、ブドウによい影響を及ぼす。ヴェルメンティーノの多くは地中海沿岸で栽培されているが、その中でもこの地域のヴェルメンティーノは柑橘系の果実っぽい香りがあり、スレンダーで女性的なキャラクターになる。

　このワインには特徴的なレモン、ラ・フランスなどの果実の香りがする。酸はやや太めだが、透明感があり、安定した印象を与え、後味にあるミネラリックな味わいは余韻に重なるようにハーモニーを奏でる。また、グレープフルーツ的な心地よい苦みも感じられ、品種独特の憂いに満ちた表情が見え隠れする。

🍴 料理との相性

適度な重みと心地よい苦みからオリーヴとスズキの白ワイン蒸し、ジャガイモとサヤインゲンを加えたバジルソースのパスタ。柑橘系の香りから鶏のレモングラス煮込み。白身肉や青背魚を使った中程度の重さの料理。　★★

リグーリア州　069

❹ ボルゲリ・ヴェルメンティーノ
Bolgheri Vermentino

グアド・アル・タッソ　Tenuta Guado al Tasso

白

土壌　　：砂質、粘土質
品種　　：ヴェルメンティーノ
醸造方法：発酵はステンレスタンク、熟成もステンレスタンクで4ヵ月間。

標高　　：45〜60m
方位　　：全方位
仕立て方：垣根式(コルドーネ・スペロナート、グイヨ)
植樹期　：2002年
植栽密度：6,000本 / ha
収量　　：6.0〜10.0t / ha

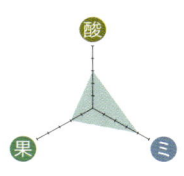

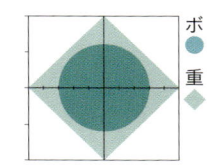

ボ / 重

🍷 ワイン解説

ここボルゲリは赤ワインの産地として有名になったが、白ワインこそ、この土地の特徴をよく表わしている。海岸線に続く丘陵が内陸に一部だけ入り込み、そのくぼみ部分にボルゲリがある。ちょうど他から隔絶されたような地形だ。

このくぼみの中では、気温の日較差は近郊と変わらないものの、温度帯がゆっくりと変化するため、ワインには白っぽい小花などの花系のアロマが生まれる。そして、砂質特有の広がりのある豊かな香りがあり、この香りにやわらかでピュアな酸味が絡んでいる。

ここのヴェルメンティーノはフローラルな香りが多く、塩味的なミネラルが表に現れる。ボルゲリのワインには洗練された華やかさがあり、品種特性である翳りも、ここでは明るい表情に変わる。

🍴 料理との相性

ローズマリーなどの地中海ハーブの香りからホウレン草のオムレツ。アロマ香からイワシの南蛮漬け。ミネラリーな味わいから牡蠣のグラタン。生魚を使った料理など、素材を生かした調理法がいい。
★★★

070　トスカーナ州

⑤ "イル・ブルチャート"
"IL BRUCIATO"

グアド・アル・タッソ Tenuta Guado al Tasso

赤

土壌　　：粘土質、砂質、砂礫
品種　　：カベルネ・ソーヴィニヨン、メルロ、
　　　　　シラー他
醸造方法：発酵はステンレスタンク、熟成は木樽
　　　　　（225l）で12ヵ月間。

標高　　：45〜60m
方位　　：全方位
仕立て方：垣根式（コルドーネ・スペロナート）
植樹期　：1997年
植栽密度：6,000本 / ha
収量　　：7.0t / ha

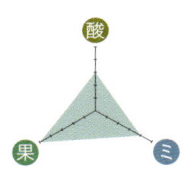

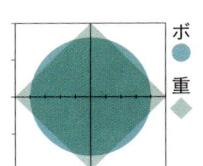

🍷 ワイン解説

カベルネ、メルロなどのボルドー品種をイタリアに植えて成功した最初の産地がここボルゲリになる。地中海の温暖な気候の恩恵を受けたこの土地は、カベルネのタンニンを完熟させ、メルロの好む粘土質土壌も多く含み、よって、このふたつが当地を代表する品種になった。

スミレの花、カカオ、シガー、ネズの実などのしっとりとしていて、艶やかな香りが素晴らしく、ワインはシャープでありながら、エッジのとれた温かさを感じる。このメリハリのある強弱が、小気味よいリズムを刻み、流れをつくっている。ミッドから流れ出すタンニンも細やかで、実に美しい。たっぷりとした果実っぽさだけでなく、スケールが大きく、バランスに優れたワインである。

🍴 料理との相性

地中海ハーブの香りから仔羊のグリルローズマリー風味、ネズの実を使ったイノシシの煮込み。ストラクチャーから東坡肉（トンポーロウ）、渡り蟹と黄ニラのXO醤炒め。密度感からレバー炒めセージ風味。素材、調理法ともに適度な重さと密度が必要。　★★

⑥ ボルゲリ・ロッソ "ポッジオ・アイ・ジネープリ"
Bolgheri Rosso "POGGIO AI GINEPURI"

アルジェンティエーラ　Argentiera

赤

土壌　　：砂質、粘土質
品種　　：カベルネ・ソーヴィニヨン、シラー、メルロ
醸造方法：発酵はステンレスタンク、熟成は50％をステンレスタンク、50％を木樽（225l）で8ヵ月間。

標高　　：60〜80m
方位　　：南西、北西
仕立て方：垣根式（コルドーネ・スペロナート）
植樹期　：2002年
植栽密度：6,500本 / ha
収量　　：9.0t / ha

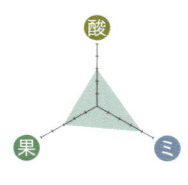

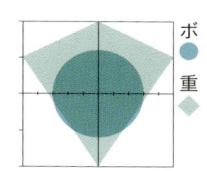

🍷 ワイン解説

ボルゲリ最南部のゆるやかな丘陵に畑があり、畑からはエルバ島やピオンビーノの岬まで見渡せる。ボルゲリの畑は平地に多いが、ここはなだらかで開放的な斜面で、海風が吸い込まれるように畑に流れ込んでくる。そして、日が沈むまでゆっくりと日光が当たり、ブドウはストレスなく生育する。風が運んでくれた伸びやかな酸は、ひんやりとしたタンニンに絡みつく。

甘草、カシス、ネズの実、イチゴリキュールなどのはっきりとした香りが表情として現れる。また、細やかなタンニンがさらりとした質感をもたらす。香りは余韻にも残像として映し出され、贅肉のないスレンダーな肢体に優雅さを与え、静かに終わる。重さも、軽さも感じさせない自然な重力感が心地よい。

🍴 料理との相性

後味の果実味から鹿のロースト クランベリーソース、豚肉のプラム煮。スパイシーな香りから仔牛スネ肉の煮込み、牛リブのトマト煮 ローズマリー風味。清々しさから仔羊のレモン煮込み　ミント風味。重くならない調理法で香りや味わいにアクセントをもたせる。　★★

トスカーナ州

❶ "ガッブロ"
"GABBRO"
モンテペローゾ Montepeloso

赤

土壌　　：粘土質、石灰質、石礫
品種　　：カベルネ・ソーヴィニヨン
醸造方法：発酵はステンレスタンクと大樽(15〜30hl)、熟成は木樽(225, 400l)で18ヵ月間。瓶熟成は最低6ヵ月間。

標高　　：50〜130m
方位　　：南西、東から西
仕立て方：垣根式(コルドーネ・スペロナート、ドッピオ・グイヨ)
植樹期　：1972〜2004年
植栽密度：4,000〜8,500本 / ha
収量　　：2.5〜4.5t / ha

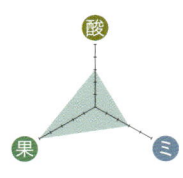

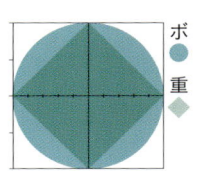

🍷 ワイン解説

畑のあるスヴェレートは正面にピオンビーノの岬があり、右にサン・ヴィンチェンツォ、左にトッレ・モッツァの海岸がある。地形的に岬を頂点に正三角形を描き、どちらからも10km程度の距離になる。

この地形では南からも西からも風が吹き込んでくる。この双方からの風はブドウを健全に育てるだけでなく、スヴェレートのワインの個性を形成する上で非常に重要な役割をする。それは、この風が豊かなアロマだけでなく、フィネスをもたらすからだ。引き寄せられるように余韻が長く、消えるように静かに終わる。

香りにはブルーベリー、プラムなどの完熟した果実味があり、木樽に由来する胡椒、バニラなども感じとれる。ボディは均整のとれたプロポーションを保ちながら、タイトに締まってすっきりとしている。

🍴 料理との相性

スパイシーな香りからチンタセネーゼのソーセージの炭火焼き。熟れた果実味から硝石漬け豚肉煮込み（無錫排骨）。野性的なニュアンスからイノシシの黒オリーヴ煮込み。ボリュームのある、動物油脂を多めに使った料理。　☆

トスカーナ州　073

❽ エルバ・アンソニカ
Elba Ansonica
チェチリア　Azienda Agricola Cecilia

白

土壌　　　：石灰質、粘土質
品種　　　：アンソニカ、シャルドネ
醸造方法　：発酵はステンレスタンク、熟成もステンレスタンクで6ヵ月間。

標高　　　：35m
方位　　　：南
仕立て方　：垣根式(コルドーネ・スペロナート)
植樹期　　：1998年
植栽密度　：5,500本/ha
収量　　　：8.0t/ha

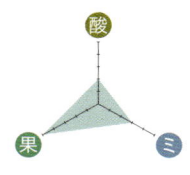

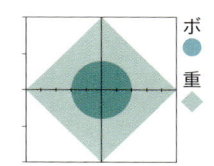

🍷 ワイン解説

ピオンビーノから船で1時間、地中海に浮かぶエルバ島に着く。鉱物資源が豊富なこの島はすでにエトルリア時代には鋳造所があり、貿易港として栄えていた歴史をもつ。今でも土壌の中から、当時の鉄器のかけらが見つかる。島の東側には標高約1000mのカパンネ山があり、山の周辺の土壌は花崗岩質だが、この畑のある南中央部はまったく違う石灰粘土質土壌で構成されている。畑は日光と海風をふんだんに浴びる南斜面になる。

最初に白い花を思わせるアロマティックな香りが飛び込み、オレンジピール、レモンドロップ、グレープフルーツなどの果実味が口腔いっぱいに広がる。余韻まで柑橘の皮的なほろ苦さが残り、後味に海風が運んだ塩味を感じる。全体的にはすっきりとした味わい。

🍴 料理との相性

アロマティックな香りからひよこ豆のスープパスタ、甲殻類のトマト煮込み、サワラの西京焼き、イカとセロリの和え物。塩味からアスパラガスやタラの芽の天ぷら。調理法はシンプルにし、軽い仕上がりの料理にする。　★★★

❾ エルバ・アレアティコ・パッシート
Elba Aleatico Passito

チェチリア　Azienda Agricola Cecilia

土壌	：石灰質、赤い粘土質
品種	：アレアティコ
醸造方法	：ブドウを乾燥させた後にステンレスタンクで発酵、熟成もステンレスタンクで12ヵ月間。

標高	：30m
方位	：南東
仕立て方	：垣根式（コルドーネ・スペロナート）
植樹期	：2006年
植栽密度	：5,500本 / ha
収量	：6.0t / ha

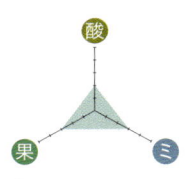

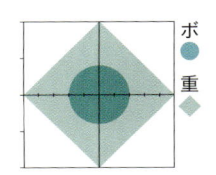

ワイン解説

他の国にはわずかしかない、甘口の赤ワインだが、イタリアでは北から南までいろいろな土地で造っている。このアレアティコもそのひとつ。ここエルバ島がアレアティコの本拠地だが、ピオンビーノやドロナティコでも造られている。

アレアティコは果皮が厚く、ブドウの房が疎密粒なため、もともとカビの繁殖が少なく、また乾燥させると均等に水分が蒸発する。さらに、甘口にすると品種から由来するアロマ香が華やかに映し出される。

ワインにはこの独特な香りの他に、赤いバラ、カシスリキュール、薬草なども感じられる。また、鉄分の多い土壌の影響から、動物的な血の香りや、海風に運ばれた塩味も感じとれる。ジャムのような凝縮した甘さと、果実的な酸味が両立し、やわらかさと立体感をつくる。

料理との相性

アロマティックな香りからザッハトルテ、栗の粉を使ったオレンジピール入りタルト、小豆ぜんざい、いろいろな木の実が入ったチョコレートのタルト。動物っぽい香りからレバーと玉ネギの炒め物、ビーフジャーキー。タンニンをポイントにおいて料理を選ぶ。　★★

⑩ モレッリーノ・ディ・スカンサーノ "モーリス"
Morellino di Scansano "MORIS"
モーリスファームス Morisfarms

赤

土壌　　：砂質
品種　　：サンジョヴェーゼ、メルロ、シラー
醸造方法：発酵はステンレスタンク、熟成もステンレスタンクで6ヵ月間。瓶熟成は最低3ヵ月間。

標高　　：100m
方位　　：北西
仕立て方：垣根式(コルドーネ・スペロナート)
植樹期　：2000年
植栽密度：5,128本 / ha
収量　　：8.0t / ha

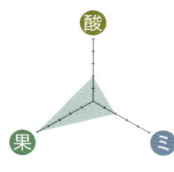

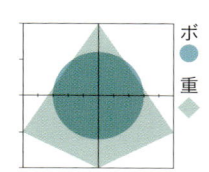

🍷 ワイン解説

トスカーナの広い範囲で栽培されているサンジョヴェーゼ。その中でもこの産地は最も南に位置し、地中海気候の影響を受けている。本来、サンジョヴェーゼは色素が薄く、強い酸が特徴だが、この土地のサンジョヴェーゼは色素が濃く、おだやかな酸になる。

ブルーベリー、マラスキーノチェリー、野イチゴのリキュールなどのたっぷりとした香り。砂質ゆえの広がりのある多彩な香りだ。そして、眩しい光をたくさん浴びて育ったブドウらしく、おおらかなキャラクターがある。口腔が果実の濃密さと、アルコールの熱さで満たされるだろう。角のとれた丸みのあるボディは少女を思わせる愛らしさがあり、地中海育ちの伸びやかで、屈託のない、明るい性格が垣間見える。

🍴 料理との相性

肉感的なところからイノシシの頭部煮込み。地中海ハーブの香りから娼婦風スパゲティ、仔羊のロースト ミント風味。複雑な香りから夏野菜のトマト煮込み。シンプルでボリュームのある料理。
★★★

076　トスカーナ州

⓫ フラスカティ・スペリオーレ
Frascati Superiore
カザーレ・マルケーゼ Casale Marchese

土壌　　：火山性
品種　　：マルヴァジア・ビアンコ・ディ・カンディア、マルヴァジア・デル・ラツィオ、グレコ、トレッビアーノ・トスカーノ 他
醸造方法：発酵はステンレスタンク、熟成もステンレスタンクで6ヵ月間。瓶熟成は最低6ヵ月間。

標高　　　：250m
方位　　　：北から南
仕立て方　：垣根式(コルドーネ・スペロナート)
植樹期　　：1992年
植栽密度　：4,000本 / ha
収量　　　：8.0t / ha

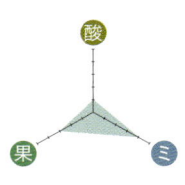

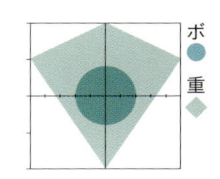

🍷 ワイン解説

ローマで飲まれているワインといえばこのフラスカティ。さっぱりとした軽やかな口当たりで適度なボディ感がある。このワインの産地はローマ郊外にあるフラスカティからカステッリ・ロマーニ丘陵の北側一帯の範囲になる。この丘陵の南西には地中海があるが、海から吹き込んでくる風はこの丘陵で遮られ、潮風が畑に届かない。このため、この産地のワインは海に近いにも関わらず、ほとんど塩味を感じない。

エニシダ、ジャスミンなどの芳香の強い花。グレープフルーツ、ザボンなどのすっきりとした柑橘系の香りなどが多く、ピュアで軽やかな印象がある。土壌の影響もあり、重心が高めで、粘質が低く、サラサラとしていて、とても肌ざわりがいい。このワインには海のワインらしい、柔和なミネラル感と明るさがある。

🍴 料理との相性

さっぱりとした味わいからムール貝の白ワイン蒸し。軽いアロマ香からカルチョフィの素揚げ。なめらかさでニョッキの牛乳グラタン。おだやかな酸からキャベツの博多蒸し。後香の甘いイメージから海老シュウマイ。軽やかな料理を選びたい。　★★★

ラツィオ州　077

⑫ ファレルノ・デル・マッシコ・ビアンコ
Falerno del Massico Bianco

ヴィッラ・マティルデ　Villa Matilde

白

土壌	：火山性
品種	：ファランギーナ
醸造方法	：発酵はステンレスタンク、熟成もステンレスタンクで3ヵ月間。瓶熟成は最低3ヵ月間。

標高	：140m
方位	：南東
仕立て方	：垣根式（グイヨ）
植樹期	：1963〜1992年
植栽密度	：4,500〜6,000本 / ha
収量	：10.0t / ha

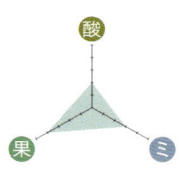

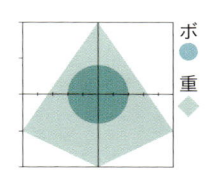

ボ ●
重 ◆

酸　果　ミ

🍷 ワイン解説

ここでのワイン造りの歴史は古代ローマ時代にまで遡る。その頃から受け継がれてきた土着品種がいくつかあるが、そのひとつにファランギーナがある。

リンやカリウムを多く含むここの土壌は、やわらかく軽い火山砕屑物によってできたもの。ブドウの根は地中深くまで伸び、水分や養分を吸い上げる。また、海からの爽やかな微風が畑を通り抜け、ゆるやかな勾配の畑には充分な日差しが差し込む。

完熟したブドウからできたワインにはミモザ、グレープフルーツ、アプリコットジャムなどの黄色い小花、熟した黄色い果実の香りが多い。そして、レモンドロップのようなやわらかな酸と、アフターに残るアーモンドの皮的な苦みが、立体的なコントラストをつくり、全体をまとめている。

🍴 料理との相性

さっぱりとした感触から若鶏のレモングラス煮込み。心地よい苦みから天然鮎の塩焼き。適度な軽さからチンゲン菜の牛乳煮。粘性の低いさらりとしたワインなのでソースも軽めにし、素材なり、調理法なりでアクセントをつける。　★★★

カンパーニャ州

⓭ イスキア・ビアンコレッラ
Ischia Biancolella
アンブラ　D'Ambra Vino d'Ischia

白

土壌　　：凝灰岩を含む火山性
品種　　：ビアンコレッラ、フォラステラ
醸造方法：発酵はステンレスタンク、熟成もステンレスタンクで6〜12ヵ月間。瓶熟成は最低2ヵ月間。

標高　　：100〜400m
方位　　：全方位
仕立て方：アルベレッロ、垣根式（グイヨ、コルドーネ・スペロナート）
植樹期　：1982年
植栽密度：4,000本 / ha
収量　　：5.0〜7.0t / ha

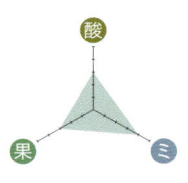

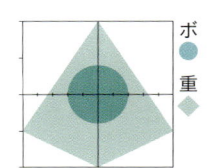

🍷 ワイン解説

ナポリ湾に浮かぶイスキア島。この島は火山噴出物で構成された土壌が多い。とくに海水などの影響で緑色に変色した凝灰岩は、イスキアらしい景観を作り出し、独特の雰囲気を感じさせる。

ブドウ畑は島全体に点在しているが、ベストポジションは西向きの畑になる。南向きでは日差しが強すぎてブドウの果皮が焼けてしまうが、西向きの畑では夕日が沈むまで、ブドウはやわらかな日差しを長時間浴びてゆっくりと完熟できる。また、西側では海風が一日中吹き抜けている。

濃い輝きのある麦わら色のワインからは、南らしいオレンジの花やレモンの香りを感じる。ミネラルが全体を包み、ゆったりとした生命のエネルギーをワインに宿らせ、ひとときの安堵感が訪れる。そして、燻したような香りがアフターに現れ、余韻の中に消えていく。

🍴 料理との相性

たっぷりとした味わいから白身魚のムニエル、ブロッコリーなどの野菜を使ったグラタン。ミネラル的な旨味から鶏の水炊き。燻した香りや安定感からゴボウとコンニャクの煮物。脂ののった白身魚、白身肉、根菜料理などが合う。　★★★

カンパーニャ州

⑭ ラクリマ・クリスティ・デル・ヴェスーヴィオ・ビアンコ "ヴィーニャ・デル・ヴルカーノ"

Lacryma Christi del Vesuvio Bianco "VIGNA DEL VULCANO"

ヴィッラ・ドラ　Villa Dora

白

土壌　　：火山性
品種　　：コーダ・ディ・ヴォルペ、ファランギーナ
醸造方法：発酵はステンレスタンク、熟成もステンレスタンクで6〜8ヵ月間。瓶熟成は最低3ヵ月間。

標高　　：250m
方位　　：南西
仕立て方：垣根式（グイヨ）
植樹期　：1982〜1987年
植栽密度：5,000本 / ha
収量　　：7.0t / ha

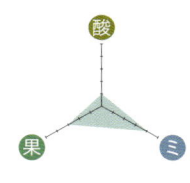

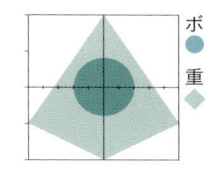

ワイン解説

ヴェスーヴィオ山の東側の麓に広がる畑は、火山礫や火山灰などのリンを多く含む火山性土壌で構成されている。この黒っぽい土壌は水はけがよいだけでなく、根が地中深く入り込むので、干ばつの被害を軽減できる。風は直線距離で10km南にある地中海から吹き込むが、ナポリ湾からも吹いてくる。どちらもおだやかな風で一日中、畑を通り過ぎる。

果実味と酸のバランスに優れ、ゆったりと包まれるような温かさとやわらかさがある。そして、海のワインらしい塩味が加わり、マンゴ、パイナップルなどのトロピカルな香りにスパイス的な香りが追随し、燻したニュアンスが重なってくる。余韻の奥にアプリコットジャムのような苦みを含んだ甘さが陰影となり、記憶される。土壌からのミネラル感と、海の塩っぽいミネラル感とが、精密なバランスで浮かび上がる。

料理との相性

ゆるやかな酸味からカボチャの天ぷら。ミネラリックな味わいからひじきとレンコンの煮物。やわらかさと厚みから豚バラの冷製サラダ白ごまソース。トロピカルなイメージから赤や黄ピーマンのマリネ。やわらかな風味があるので日本の料理にとても合う。　★★★

カンパーニャ州

⑮ ラクリマ・クリスティ・デル・ヴェスーヴィオ・ロッソ "ヴェルサクリュム"

Lacryma Christi del Vesuvio Rosso "VERSACRUM"

ソッレンティーノ　Azienda Vitivinicola Sorrentino

赤

土壌　　：火山性、砂質
品種　　：ピエディロッソ、アリアニコ
醸造方法：発酵はステンレスタンク、熟成もステンレスタンクで10ヵ月間。瓶熟成は最低3ヵ月間。

標高　　：500m
方位　　：東から西
仕立て方：垣根式(グイヨ)
植樹期　：2000年
植栽密度：3,500本 / ha
収量　　：9.0t / ha

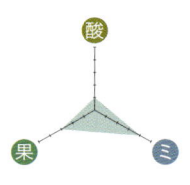

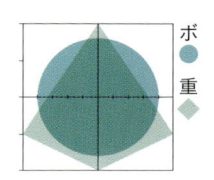

🍷 ワイン解説

　この畑はヴェスーヴィオ山の南西側の裾野にあり、ポンペイから北東に2km、海からは5kmの距離にある。土壌は海に近いため、火山性に加えて砂質が多く含まれ、水はけがとてもいい。

　カンパーニャの海岸沿いに多く植えられている黒ブドウ品種のピエディロッソは、ナポリの西、ポッツォーリ辺りではサラサラとしたグレー色の火山灰土壌に植えられ、ワインにはタバコっぽいスモーキーな香りがあり、軽い味わい。しかし、ここでは同じ火山性とはいえ、土壌成分の違いにより、ミネラリックで火打石のような香りがする。

　独特のラベンダーを思わせるアロマ香があり、酸がやわらかい。中盤からは汗っぽい、塩っぽい動物的な香りが現れ、生々しい感覚に襲われるが、全体としては力が抜けた開放的な味わい。

🍴 料理との相性

やわらかで広がりのある味わいから金目鯛の煮付け 昆布巻き。ワイルドさからチンジャオロースー、すき焼き、ウサギの照り焼き風ロースト。アロマティックな香りから台湾の腸詰め（香腸）豆板醤添え。醤油との相性がよい。ソースや味つけに粘性のある料理。　★★

カンパーニャ州　081

⑯ コスタ・ダマルフィ・トラモンティ・ビアンコ
Costa d'Amalfi Tramonti Bianco
サン・フランチェスコ　Tenuta San Francesco

土壌　　：石灰質、粘土質、火山性
品種　　：ファランギーナ、ビアンコレッラ、ペッペラ
醸造方法：発酵はステンレスタンク、熟成もステンレスタンクで6〜8ヵ月間。瓶熟成は最低2ヵ月間。

標高　　：300〜600m
方位　　：南東
仕立て方：垣根式（グイヨ）
植樹期　：1912〜1997年
植栽密度：2,500〜3,000本/ha
収量　　：8.0t/ha

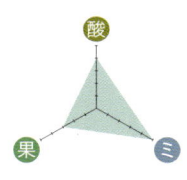

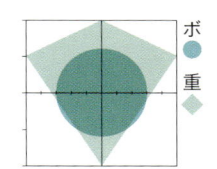

🍷 ワイン解説

ソレント半島は世界的に人気のリゾート地であり、レモンの産地としても知られる。土壌はアルプス造山運動によってできたドロミティの石灰岩が母岩にあり、その後、ヴェスーヴィオ山噴火によって降り積もった火山噴出物の堆積土壌が半島の北東側を中心に分布する。このような石灰質と火山性の土壌が混在するのはとてもめずらしい。この土壌からはしっかりとした、シャープな酸とフィネスが生まれる。

海からの影響も大きく、温暖な気候はブドウの完熟を促し、海風はブドウを健全に育てる。透けるような上品な酸は、タイトにすっきりと立ち上がり、とても伸びやかだ。そして、ミッドから優雅に膨らみ、ベースの塩味の陰から果実味が現れる。硬質なミネラルとの調和がとれた、魅力的なワイン。

🍴 料理との相性

軽やかなミネラル感からムール貝の香草パン粉焼き。アロマティックな香りから焼きタラバガニ。柑橘系の香りからサワラの柚庵焼き。酸を生かして海老入り生春巻き。ベースの塩味を生かした魚介や香草を使った料理。　★★★

カンパーニャ州

⓱ フィアーノ "ドンナルナ"
Fiano "DONNALUNA"

コンチリス Viticoltori De Concilis

白

土壌　　：粘土質、石灰質
品種　　：フィアーノ
醸造方法：発酵はステンレスタンク、熟成もステンレスタンクで6ヵ月間。瓶熟成は最低2ヵ月間。

標高　　：200〜250m
方位　　：南
仕立て方：垣根式（グイヨ）
植樹期　：1992年
植栽密度：4,000本 / ha
収量　　：7.5t / ha

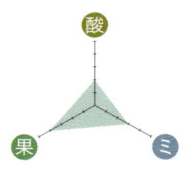

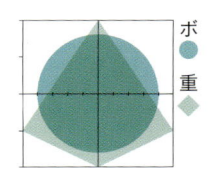

🍷 ワイン解説

　この畑のように海岸近くで栽培されているフィアーノ種は、同じフィアーノでも山間のアヴェリーノ（p.175）とはまったく違うキャラクターになる。海岸では収穫期が1ヵ月ほど早く、8月下旬頃。
　パパイア、マンゴ、マーマレードなどのたっぷりとした、トロピカルな香りでどっしりとした味わい。腰の座った、野太いミネラル感が露呈する。そして肉厚でグラマラス。ミッドからはさらに重心が低くなり、厚みが増す。また、海から運ばれた重厚で骨太のミネラルが底辺に居座り、完熟果実を頬張ったように口腔がいっぱいに満たされ、嚙みたくなる衝動に駆られる。余韻にまでも重量感が続き、熱さとともに消えていく。強い日差しをふんだんに浴びた、陽気な南イタリアの気質が感じられる。

🍴 料理との相性

たっぷりとした味わいから酢豚、蟹玉あんかけ、ニジマスのムニエル。ベースにある塩味からモッツァレラ・イン・カロッツァ、バッカラのグラタン。トロピカルな香りからカボチャのフリット、マンゴと牛肉のオイスターソース炒め。調理法はシンプルでボリュームのある料理。
★★★

カンパーニャ州　083

⑱ ヴェルメンティーノ・ディ・ガッルーラ "モンテオーロ"
Vermentino di Gallura "MONTEORO"

セッラ・エ・モスカ　Sella&Mosca

白

土壌　　：花崗岩質
品種　　：ヴェルメンティーノ
醸造方法：発酵はステンレスタンク、熟成はステンレスタンクで2～3ヵ月間。

標高　　　：200m
方位　　　：南西、南東
仕立て方　：垣根式(コルドーネ・スペロナート)
植樹期　　：1992年
植栽密度　：4,000本 / ha
収量　　　：6.0t / ha

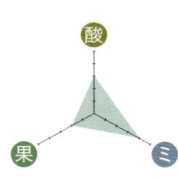

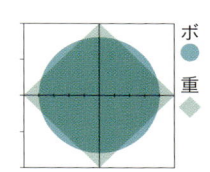

🍷 ワイン解説

　地中海沿岸で広く栽培されているヴェルメンティーノだが、花崗岩質の土壌で造られているのはここサルデーニャの北部とコルシカ島の南西部だけ。どちらのヴェルメンティーノもボディに厚みがあり、静かなエネルギーが漲(みなぎ)った重厚な存在感がある。感触にはカリッとした硬質なミネラル感があり、後味に塩っぽさを感じる。
　ストレートな白胡椒、咲き乱れる菩提樹の花、清々しいマジョラムなど、果実的なニュアンスが少なく、スパイスや花の芳香をよく引き出す。そして、心地よい苦みが底辺から押し上げ、プレスしたようにがっちりとした、密度の高い構造で組み上がっている。強い海風にも負けない、強さを秘めた迫力のある味わいがする。

🍴 料理との相性

太いミネラルから穴子の天ぷら、帆立のクリーム煮込み。地中海ハーブの香りから地鶏のスモーク、香草を詰めた仔豚のロースト。塩味から車海老の塩釜焼き、焼き牡蠣。しっかりとした素材を選び、大胆に仕上げた料理。　★★

サルデーニャ州

19 ヴェルナッチャ・ディ・オリスターノ
Vernaccia di Oristano

アッティリオ・コンティーニ Azienda Vinicola Attilio Contini

白

土壌　　　：砂質、粘土質
品種　　　：ヴェルナッチャ・ディ・オリスターノ
醸造方法：発酵はステンレスタンクとセメントタンク、熟成はオーク樽と栗樽(2〜17hl)で120ヵ月間。瓶熟成は最低6ヵ月間。

標高　　　：ほぼ0m
方位　　　：東
仕立て方：アルベレッロ
植樹期　：1980〜1990年
植栽密度：5,000〜7,000本 / ha
収量　　　：3.0〜4.0t / ha

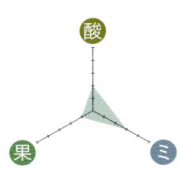

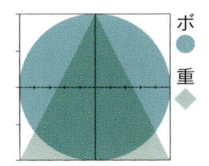

🍷 ワイン解説

サルデーニャ島の中央部、西側沿岸にブドウ畑がある。ここの土壌は砂や砂礫、粘土で構成された沖積土。海に沈む夕日は、まるでこのワインのように琥珀色をしており、ブドウ畑も染めてしまいそう。この色調は120ヵ月間という長い熟成期間を経て、ワインが変化していったものだ。

シェリーと同じ産膜酵母（木樽の上部の隙間、ワインの上面に生える白カビ）で造るこのワインには、独特のアーモンド、乾燥アプリコット、エーテルなどの香りがある。そして、長期熟成によって樽のワインが蒸発し、アルコール度数は15度に達する。

ワインにはマーマレードのような酸があり、木樽熟成で得られたバタークッキーやマロングラッセなどのアフターが広がる。アタックが強く、口腔は一気に燃え上がり、そして一気に引けていく。

🍴 料理との相性

香りとアルコール感からナッツ類を使った焼き菓子。濃厚さから鴨のテリーヌ。アタックの強さからスペイン風豚の血を使ったソーセージ。アルコールが高く密度があるので、料理にも強さのあるものを合わせる。　★

サルデーニャ州

⑳ カリニャーノ・デル・スルチス "グロッタ・ロッサ"
Carignano del Sulcis "GROTTA ROSSA"

サンタディ　Cantina Santadi

赤

土壌　　：粘土質、砂質
品種　　：カリニャーノ
醸造方法：発酵はステンレスタンク、熟成をセメントタンクで9ヵ月間。瓶熟成を最低3ヵ月間。

標高　　：0〜200m
方位　　：南、南西
仕立て方：アルベレッロ、垣根式(グイヨ)
植樹期　：1997〜2002年
植栽密度：5,500本 / ha
収量　　：9.0t / ha

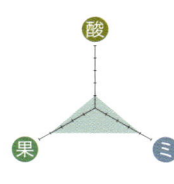

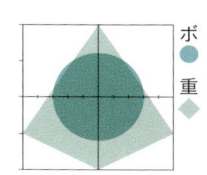

酸／果／ミ

ボ ●
重 ◆

🍷 ワイン解説

海岸に広がる茶色がかった濃い赤色の土壌に植えられているカリニャーノ。アルベレッロ仕立てのブドウの木は、南から吹くゆるやかな海風を感じながら、強い日差しを避けて地中の水分を吸い上げ、両手を広げるように立っている。

イチゴシロップ、ヨード、鉄くぎ、ミルトリキュール、森の湿った土など、重厚感のある香りが横たわる。ゆったりとした酸には海風が運んだミネラリックな味わいが含まれ、アフターには胡椒的な、唐辛子的なスパイシーさが残る。甘い影を落とした香りに果実味が溶け込み、徐々に膨らみ、熟れた風味が露(あらわ)になる。

どっしりとした肉感的な容姿にサルデーニャ島らしい土地の力強さを感じ、その背後には妖艶さと陰影を漂わせる。

🍴 料理との相性

スパイス的な香りと味わいからマグロのラルド巻き香草煮、仔羊のオーブン焼きサフラン風味。ゆったりとした余韻から地鶏の照り焼き、チンジャオロースー。重心の低さからハヤシライス、豚肉とソーセージ、豆類の土鍋煮込み。濃いめの味つけで調理する。　★★

㉑ "テヌータ・カポファーロ・マルヴァジア"
"TENUTA CAPOFARO MALVASIA"

タスカ・ダルメリータ　Tasca d'Almerita

土壌	：火山性
品種	：マルヴァジア・ディ・リパリ
醸造方法	：発酵はステンレスタンク、熟成もステンレスタンクで6ヵ月間。瓶熟成は最低4ヵ月間。
標高	：80m
方位	：北東
仕立て方	：垣根式（グイヨ、コルドーネ・スペロナート）
植樹期	：1982年
植栽密度	：4,000本/ha
収量	：2.0t/ha

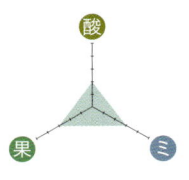

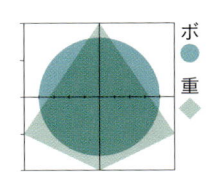

🍷 ワイン解説

シチリアの北東に浮かぶリパリ諸島。その中のサリーナ島には大きな山がふたつあり、この畑は東側にあるフェルチ山の北東斜面にある。畑が面している海岸線は切り立った絶壁で、景観的にも圧倒される光景だ。ここの火山性の土壌はとても軽く、軽石が砕けたものや火山灰などで構成されている。

目の前にある北のティレニア海からは風が吹き、背後にある山からは涼しい山おろしが吹き降りてくる。しかし、この山のお陰で7月の完熟期に南から吹く、ネガティブ・シロッコと呼ばれる風が遮られる。この風はアフリカ大陸から熱風を運ぶだけでなく、塩や砂も運んでくるからだ。

パパイア、焼きリンゴ、焼き栗、ターメリック、アカシアの蜂蜜などのたっぷりとした香り。詰まった筋肉質な厚いボディに、純化された果実の濃密さと緻密なミネラルが投影される。

🍴 料理との相性

絡みつく甘さから栗きんとん、バナナのフリット。ナッティな香りからクルミのタルト、グラーノ・パダーノチーズ ピーナッツバター添え。密度感からイカナゴの佃煮、緑胡椒入りレバームース。たっぷりとした味わいのものを選ぶ。　★

㉒ グリッロ "ビアンコ・マジョーレ"
Grillo "BIANCO MAGGIORE"

ラッロ　Cantina Rallo

白

土壌　　　：砂質、粘土質
品種　　　：グリッロ
醸造方法：発酵はステンレスタンク、熟成もステンレスタンクで4ヵ月間。瓶熟成は最低1ヵ月間。

標高　　　：100m
方位　　　：南、南東
仕立て方：アルベレッロ
植樹期　　：2002年
植栽密度：2,800本 / ha
収量　　　：6.0t / ha

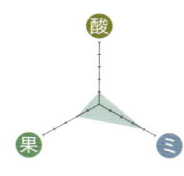

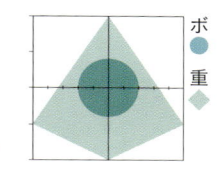

🍷 ワイン解説

地中海に沈む夕日を望む、シチリア島の西側エリアで栽培されているグリッロ種は、元々、酒精強化ワインのマルサラ用に栽培されていた。しかし、安定した糖度が得られ、骨組みのしっかりとしたボディができる品種として、近年、単一品種でワインが造られている。このグリッロは強い日差しを好み、乾燥に強いため、この地域が好適な環境といえる。

カリン、ビワ、ターメリック、アクリル板、オレンジの皮などの張りのある香り。ワインは抑制の効いた、芯のしっかりとした構造で、輪郭が鮮明ですっきりとしたフォルム。エッジは硬く、切れがいい。均等な厚みのボディは密度感があり、また、整然としたバランスもある。そして余韻に重さを残さない。暑苦しさがなく、キビキビとした、スタイリッシュなワイン。

🍴 料理との相性

すっきりとした味わいから白海老の素揚げ、水牛乳のリコッタ、白子ポン酢。密度感から熟成したクラテッロ、香草を使ったウナギのロースト 白ポレンタ添え。香りからタイ風サテのココナッツソース。軽やかですっきりとした料理 。
★★★

シチリア州

㉓ マルサラ・ヴェッキオフローリオ
Marsala Vecchioflorio

フローリオ　Cantina Florio

土壌　　：粘土質、砂質
品種　　：グリッロ、カタラット
醸造方法：発酵はステンレスタンク、熟成は大樽
　　　　　（25〜175hl）で30ヵ月間。瓶熟成は
　　　　　最低3ヵ月間。

標高　　：0〜300m
方位　　：南、南西
仕立て方：アルベレッロ・マルサレーゼ
植樹期　：1992年
植栽密度：5,000本/ha
収量　　：6.0〜8.0t/ha

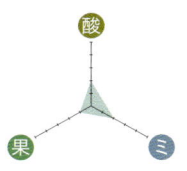

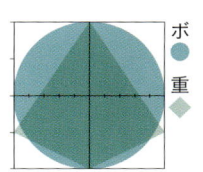

🍷 ワイン解説

　マルサラ地域の沿岸一帯にある砂地や赤い粘土質土壌には、酒精強化ワイン、マルサラ用のブドウが植えられている。マルサラの製法は長期保存、運搬に耐えられるように発酵途中にアルコールを添加し、さらに高いアルコール度数にする。ここは高い日射量のため、ブドウは糖度が上がり、醸造過程で加えるアルコールの量を減らすことができる。

　木樽で長期間熟成するため色調は琥珀色になり、クルミの皮、カカオ、金柑、ヘーゼルナッツ、松ヤニ、カラメルなどの深みのある、太い香りになる。たっぷりとした肉づきのよいボディに複雑な香りが重なり、深層世界へと誘う。余韻に向かってバニラ、マーマレードの戻り香が現れる。スモーキーで暗く、深く、静かな味わい。

🍴 料理との相性

ビターな香りからゴルゴンゾーラ クルミ添え、ドライフルーツのタルト。バランスを考えてアジの南蛮漬け、牛肉の時雨煮、蟹みそグラタン、サバのみりん干し、ローマ風カルチョフィのグリル。料理全体のバランスがよければ強い素材でも合わせられる。　☆

シチリア州　089

㉔ モスカート・ディ・パンテッレリア "カビール"
Moscato di Pantelleria "KABIR"

ドンナフガータ Tenuta di Donnafugata

土壌	：火山性、砂質
品種	：ジビッボ
醸造方法	：発酵はステンレスタンク、熟成もステンレスタンクで4ヵ月間。瓶熟成は最低3ヵ月間。
標高	：20〜400m
方位	：全方位
仕立て方	：アルベレッロ・パンテスコ
植樹期	：1901〜2002年
植栽密度	：2,500〜3,600本 / ha
収量	：4.0t / ha

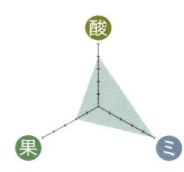

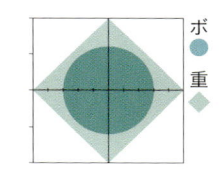

🍷 ワイン解説

イタリアで最も南に位置するパンテッレリア島。すぐ目の前にアフリカ大陸が見える。このジビッボはエジプトが起源で徐々に北上し、パンテッレリアやシチリアの南西部に根づいた。別名をモスカート・ディ・アッレサンドリアといい、イタリアで多く栽培されているモスカート・ビアンコとは経緯が違う。アロマティックな点は同じだが、ミネラリックでボディがある。

この島の土壌は火山礫や軽石などの火山噴出物で構成され、ワインに美しいフィネスを与える。また、海風はこの甘口ワインのアロマを際立たせる。

サフラン、オレンジピール、アクリル板、エニシダなどの抜けのいい香り。透明感溢れる酸が適度な厚みのあるボディに絡み、ミッドから現れるミネラリックな味わいに出会う。深みのある味わいと、きれいな酸のバランスに優れた、土地を感じさせるワイン。

🍴 料理との相性

ミネラル感からレバーの刺身、水牛乳モッツァレラの蜂蜜がけ。ほどよい甘さからカンノーリ、あんみつ、黄桃とミントのガレット。塩味から熟成タレッジオ、黒胡椒入りペコリーノチーズ。適度に密度があり、ボリュームのあるもの。 ★

㉕ インゾリア
Inzolia

セッテソーリ Cantine Settesoli

土壌　　：粘土質、石灰質
品種　　：アンソニカ
醸造方法：発酵はステンレスタンク、熟成もステンレスタンクで4ヵ月間。瓶熟成は最低2ヵ月間。

標高　　：100〜300m
方位　　：南、南東、南西
仕立て方：垣根式（グイヨ）
植樹期　：1997年
植栽密度：4,500本 / ha
収量　　：12.0t / ha

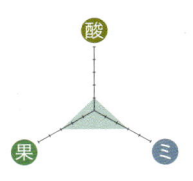

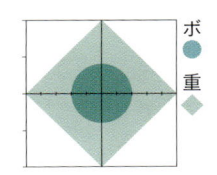

🍷 ワイン解説

　樹勢が強く、たくましく育つインゾリアは地中海沿岸で広く栽培されている。トスカーナの海岸沿いでは品種名であるアンソニカとして知られる。この品種もグリッロ同様にマルサラ用品種としての歴史がある。野太く、がっちりとしたボディがあり、汗をイメージする塩味がベースを支える。やわらかな酸と柑橘系の皮的な苦みが心地よく、後味に残像のような甘いイメージが写し出される。

　マーマレード、レモンドロップ、ザボンの砂糖漬けなど、どれをとっても複雑さが感じられる。基本はシンプルな味わいのワインだが、流れるような軽さがなく、適度に自然な厚みをもち、どことなくゆったりとした味わいがあっていい。意外なほどおだやかで、静かな気持ちになるワイン。

🍴 料理との相性

ゆったりとした味わいから白身魚のフライ タルタルソース添え、キノコ類のグラタン。柑橘系の香りからムール貝とオレンジのサラダ、タコのマリネ ディル風味。苦味からカチョカヴァッロの網焼き。シンプルで重さのない料理。
★★★

㉖ チェラスオーロ・ディ・ヴィットリア・クラッシコ
Cerasuolo di Vittoria Classico
ヴァッレ・デッラカーテ　Valle dell'Acate

赤

土壌	：粘土質、凝灰岩質、石灰質、砂質
品種	：ネーロ・ダーヴォラ、フラッパート
醸造方法	：発酵はステンレスタンク、熟成をステンレスタンク（フラッパート）と木樽（ネーロ・ダーヴォラ）で12ヵ月間。瓶熟成は最低9ヵ月間。

標高	：200m
方位	：東から西
仕立て方	：垣根式（コルドーネ・スペロナート）
植樹期	：1992〜1997年
植栽密度	：5,000本 / ha
収量	：6.5t / ha

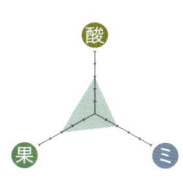

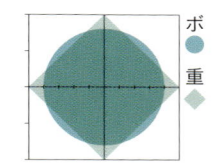

🍷 ワイン解説

灼熱の太陽と強い海風を感じる、シチリアの南東部。海岸の砂地に植えられたフラッパートは色素が薄く、イチゴを思わせるチャーミングな香り。それとは反対に固めの粘土質に植えられたネーロ・ダーヴォラは色素が濃く、スパイシーな香りがする。これらの個性的なふたつの品種をブレンドして造られるこのワインには、エキゾチックな香りと深みのある味わいが共存する。

丁字、カルダモン、ネズの実などのスパイス的な香りと、黒プラム、ザクロ、ブラックベリーなどの小果実の香りが感じられる。そしてがっちりとした厚みのあるボディに複雑な香りが絡みつく。焼けるような熱さが口腔いっぱいに広がり、土っぽい戻り香とともに余韻に溶け込み、消えていく。

🍴 料理との相性

スパイス的な香りからヒレステーキのグリーンペッパーソース、生山椒を使った四川風麻婆豆腐、黒オリーヴとローズマリーを使ったマグロのカマ焼き。果実味からカジキマグロのドライトマトソース。香りを生かした調理方法を選ぶ。
★★

㉑ ネーロ・ダーヴォラ "サンタ・チェチリア"
Nero d'Avola "SANTA CECILIA"
プラネタ Planeta

土壌　　：石灰質、粘土質
品種　　：ネーロ・ダーヴォラ
醸造方法：発酵はステンレスタンク、熟成は木樽
　　　　　（225l）で12ヵ月間。

標高　　：50m
方位　　：南、南西
仕立て方：垣根式（コルドーネ・スペロナート）
植樹期　：2003年
植栽密度：5,000本 / ha
収量　　：8.5t / ha

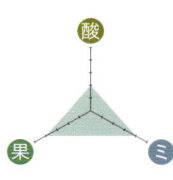

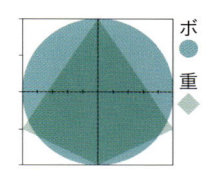

🍷 ワイン解説

　海岸が見渡せる、シチリアの南東部に畑がある。ネーロ・ダーヴォラ種はシチリアの全域で栽培され、シチリアの赤ワインの代表的な品種である。それぞれの土地で違う表情を見せるが、ここでは誰もがシチリアをイメージするキャラクターを体現する。それはゴリゴリとしたパワフルさ、強大な上にも恐ろしいほどのタンニン、塩っぽいミネラル感など、どれもが強さの本質を見せつける。

　香りはキャラウエイ、ビターチョコ、墨汁、ローリエ、クランベリー、ザクロなどのスパイス系と赤い果実系。アタックは引き込まれるように非常に強く、徐々に膨らみ、ミッドで最高潮に。そして、後味にほろ苦さを残しながら、余韻へと流れる。堂々とした陰影に満ちた、極めて重力級のワイン。

🍴 料理との相性

熟れた果実の味わいからマグロの甘露煮、レバーと玉ネギの炒め物。ドライフルーツとリコッタを詰めたカネロニ。アロマティックな香りから広東風焼豚、ワイルドさからジンギスカン鍋。シャープな輪郭の料理ではなく、全体的にゆるくて重い料理。　★★

シチリア州　093

28 パッシート・ディ・ノート
Passito di Noto

プラネタ Planeta

土壌　　　：石灰質、粘土質
品種　　　：モスカート・ビアンコ
醸造方法：発酵はステンレスタンク、熟成もステンレスタンクで6ヵ月間。

標高　　　：60m
方位　　　：南、南西
仕立て方：垣根式（コルドーネ・スペロナート）
植樹期　：2003年
植栽密度：4,500本/ha
収量　　　：5.0t/ha

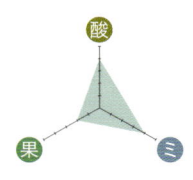

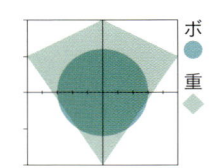

ワイン解説

シチリアの南東部にこのワイン産地、ノートがある。畑には真っ白な石灰質の土壌が広がっている。この白い石灰礫の表土は強い日差しを反射し、地中に熱を溜めない。また通常、このような暑い土地の問題は、ブドウの糖度が上がっても酸度が得られないことだが、石灰質土壌はワインの酸度が上がりやすいため、気温が高い産地にとっては重要な役割を果たす。

ワインは白い花系の香りが美しく、華やかなアロマ香で幕開け。レモンピール、ジャスミン、石鹸、石油系樹脂、火打石などのすっきりとした香りが追随し、クリーンで伸びのいい酸が、柑橘の皮的な心地よい苦みと絡み、とろけるような甘さの中に入っていく。テロワールが生み出した、酸味と甘さの絶妙なバランスが見事である。

料理との相性

ほろ苦さからマンダリンオレンジのタルト、アーモンドの焼き菓子、大学イモ。ほどよい甘さと凝縮感からプロヴォラのグリル、くず餅、モンブラン。バランスのよさからココナッツの杏仁豆腐。柑橘類を使ったデザートや熟成期間の短いチーズなど、重くならないものを選ぶ。
★

㉙ ファーロ・スペリオーレ "ボナヴィータ"
Faro Superiore "BONAVITA"

ボナヴィータ Azienda Agricola Bonavita

赤

土壌　　：粘土質、石灰質
品種　　：ネレッロ・マスカレーゼ、ネレッロ・カプッチョ、ノチェーラ
醸造方法：発酵はステンレスタンク、熟成を木樽（225〜440l）で16ヵ月間。瓶熟成は最低6ヵ月間。

標高　　：250m
方位　　：北
仕立て方：アルベレッロ、垣根式（コルドーネ・スペロナート）
植樹期　：1957〜2005年
植栽密度：5,000本/ha
収量　　：4.0t/ha

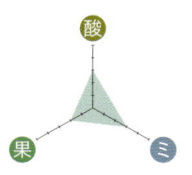

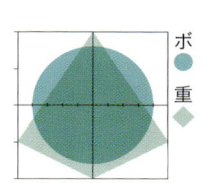

🍷 ワイン解説

シチリアの最北東、メッシーナ海峡を望む小高い丘陵に畑がある。畑から海までは北、東、南ともにわずか3km程度という海に囲まれた環境になり、風はティレニア海とイオニア海から一日中、畑に吹き込んでくる。また、この産地は干ばつに襲われる南シチリアとは違い、適度な降雨があり、この雨が粘土質土壌に保水される。

ネズの実、グリーンペッパー、甘草、丁字など、黒っぽいスパイス系の香りを中心に熟れた果実系の香りが重なる。酸の強いノチェーラ種をブレンドするおかげもあって、冷やかですっきりとした酸味に仕上がる。凝縮感が高く、しっかりとした酒質をもち、がっちりとした筋肉質的なボディにワイルドさといった、エネルギーを内に秘めた強さがある。

🍴 料理との相性

スパイス的な香りからスペアリブの香味焼き。低めの重心からグーラッシュ。野性味から黒オリーヴを詰めたマグロのカブト焼き、マトンのトマト煮込み。大きめのタンニンからきんぴらごぼう。クセのある素材でシンプルな調理法。　★

シチリア州　095

㉚ チロ・ロッソ・クラッシコ
Ciro Rosso Classico
リブランディ Librandi

赤

土壌　　　：粘土質、石灰質
品種　　　：ガリオッポ
醸造方法：発酵はステンレスタンク、熟成もステンレスタンクで12ヵ月間。瓶熟成は最低3ヵ月間。

標高　　　：0〜100m
方位　　　：全方位
仕立て方：垣根式、アルベレッロ
植樹期　　：1982〜2002年
植栽密度：5,000本/ha
収量　　　：10.0t/ha

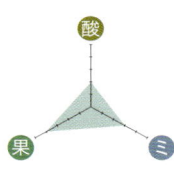

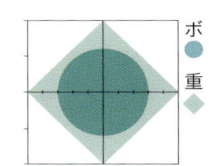

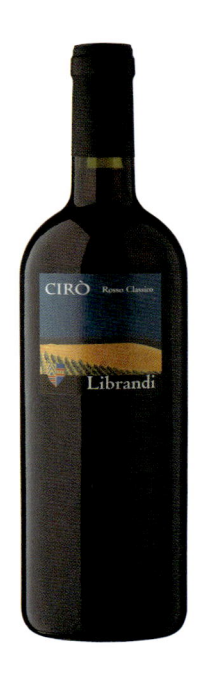

ワイン解説

　イオニア海を望む畑の日差しは眩しく、夏期には40℃を超える。気温は高いが気持ちのいい海風が畑に吹いてくる。樹勢の強いガリオッポは暑さに負けじと地中深く水分を求めて根を張る。保水力の高い粘土質土壌は、降水量の少ないこの地域にとって、とても大切な役目をする。
　グラスをかざすと、光が透けるような明るいルビー色を通り抜け、反対側に反射して陰をつくる。この色調のようなラズベリー、黒スグリ、ザクロの香りがする。そして土っぽい、スパイスっぽい香りも見つかる。酸はおだやかでやわらかく、甘く熟れたタンニンは香りや酸味を包むように全体に溶け込む。ゆったりとした流れで始まり、ゆっくりとフィナーレがやってくる。奥深さのある静寂な味わい。

料理との相性

やわらかな感触からバッカラのクリーム煮 乾燥唐辛子添え、馬肉のタルタルのケイパーソース、ヒシコイワシのパン粉焼き 香草風味。スパイス系の香りから娼婦風スパゲティ、ソーセージを詰めたオリーヴのフライ。素材の幅は広く、調理法は簡単にする。　★★

カラブリア州

㉛ プリミティーヴォ・ディ・マンデューリア "フェリーネ"
Primitivo di Manduria "FELLINE"

ラチーミ Accademia dei Racemi

赤

土壌　　：粘土質、石灰質
品種　　：プリミティーヴォ
醸造方法：発酵はステンレスタンク、熟成は木樽
　　　　　で12ヵ月間。

標高　　：90m
方位　　：全方位
仕立て方：アルベレッロ
植樹期　：1962〜1972年
植栽密度：5,000本 / ha
収量　　：6.0〜7.0t / ha

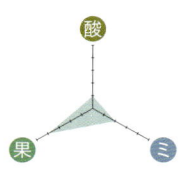

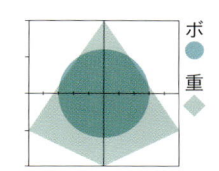

ワイン解説

ターラント湾にほど近いマンデューリア。ここは夏期には高温の日が続き、気温も下がらない。水分を多く含む粘土質土壌はひんやりと冷たく、このような過酷な暑さの気候の地域にはとても適している。イオニア海からターラント湾に入ってくる風は湾の中で回り、ゆるやかな風に変わるため、直接的に畑に吹き込むことはない。

プリミティーヴォは果皮が厚く、強い日差しにも耐えられる。また、早熟のため、暑さで生育がブロックしても収穫できる期間が長いために完熟する。ワインのアルコール度数は平均で15度に達し、さらに暑い年では17度にもなる。

カシスリキュール、イチゴシロップ、甘草キャンディ、ブルーベリージャムなどのたっぷりした香り。丸みを帯びた体型にみっちりと果実味が詰まっている。

料理との相性

ゆったりとした味わいから牛ホホ肉の赤ワイン煮込み、イナゴの佃煮、麻婆豆腐。果実味からパイナップル入りの酢豚、キーマカレー。ふっくらとした感じから仔羊のサテ クルミソース。料理は大きめでやわらかく、厚みのあるもの。　☆

プーリア州

㉜ サレンティーノ・ロザート "ミエレ"

Salentino Rosato "MJÈRE"

ミケーレ・カロ・エ・フィーリ Michele Calò&Figli

土壌	:砂質、粘土質、石灰質
品種	:ネグロアマーロ、マルヴァジア・ネーラ
醸造方法	:発酵はステンレスタンクとセメントタンク、熟成をステンレスタンクで5ヵ月間。瓶熟成は最低2ヵ月間。

標高	:60m
方位	:北東
仕立て方	:アルベレッロ
植樹期	:2002〜2007年
植栽密度	:5,000本 / ha
収量	:7.0t / ha

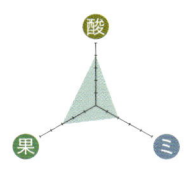

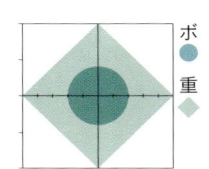

ワイン解説

イタリア各地にあるロゼワインだが、ここプーリアでは古代ローマ時代から造られてきた歴史がある。ブドウも赤用とは別に、ロゼ用として酸度の高い時期に収穫する。15時間の醸しを行ない、プレスせずに自然落下したフリーランのジュースのみを使用するこのワインは、フローラルな香りにラズベリー、クランベリーなどの小果実の香りが放たれる。

ロゼは香りが命だ。砂質土壌から生まれる広がりのある豊かな香りは、ここがロゼワインに最適な地だと証明する。

アドリア海とイオニア海から吹き込む風も芳香と上品さを与える。華やかな香り、伸びやかな酸、雑味のないピュアな味わい。そして、ディテールを織り上げていくような繊細さがあり、ひとつのロゼの完成形としての優れた美意識と知性を感じる。

料理との相性

多彩な香りから魚介類の煮込み リヴォルノ風。アロマティックな香りから大正海老のチリソース、クモガニのサラダ、ムール貝のグラタン、ズッキーニの花のフライ。合わせる料理のバリエーションはとても多く、自由な発想でいろいろと試したい。　★★★

㉝ サーリチェ・サレンティーノ・ロッソ・リゼルヴァ "ラ・カルタ"

Salice Salentino Rosso Riserva "LA CARTA"

カンディド Azienda Vitivinicola Francesco Candido

赤

土壌	:石灰質、粘土質
品種	:ネグロアマーロ、マルヴァジア・ネーラ
醸造方法	:発酵はステンレスタンク、熟成を木樽で10ヵ月間。

標高	:39m
方位	:全方位
仕立て方	:アルベレッロ・プリエーゼ、垣根式(コルドーネ・スペロナート)
植樹期	:1972〜1988年
植栽密度	:4,132本/ha
収量	:8.0t/ha

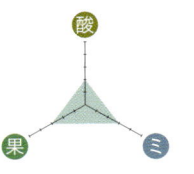

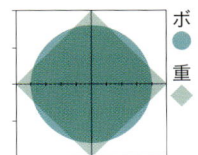

🍷 ワイン解説

アドリア海とイオニア海とのほぼ中央の平地に畑がある。この区間には丘陵がないため、両方の海から畑に風がやってくる。夏期には乾燥した暑さが続くが、深い表土に溜まった水分で生育を補い、凌いでいる。

ワインには土壌からの影響もあり、塩味が多く、ボディには厚みが感じられる。太めの骨格もくっきりと現れ、きっちりと組み上がった、強い構成力がある。引き締まった酸は石灰質土壌らしく、細めで抜けがいい。この酸にヨード、甘草やカルダモンなどのスパイス的な香りが加わる。

アフターに独特の湿った土の香りと、ラベンダーっぽいマルヴァジア・ネーラに由来するアロマ香がある。そのアロマが余韻にも続き、すっきりとした酸と相まって、とても自然に流れていく。

🍴 料理との相性

透明感のある酸味からそら豆のピューレ、トマトとバジリコのオレキエッテ。熟成香から豚ロースの味噌漬け焼き、牡蠣のオイスターソース炒め。塩味からビビンパ、ホルモン焼き。肉類に限らず、いろいろな素材で試したい。　★★

プーリア州

㉞ カステル・デル・モンテ "ボロネロ"
Castel del Monte "BOLONERO"
トッレヴェント Torrevento

赤

土壌	：石灰質、粘土質
品種	：ネーロ・ディ・トロイア、アリアニコ
醸造方法	：発酵はステンレスタンク、熟成もステンレスタンクで8ヵ月間。

標高	：450m
方位	：北から南
仕立て方	：垣根式（コルドーネ・スペロナート）
植樹期	：1982〜1992年
植栽密度	：4,200本 / ha
収量	：11.0t / ha

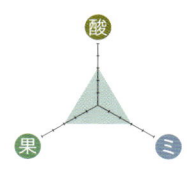

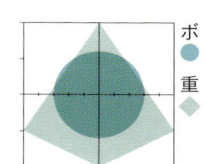

ワイン解説

アドリア海から続くフォッジャ周辺の平野の土壌はとても肥沃で、プーリア全体のブドウ栽培の50％以上を担っている。アドリア海から吹き込む風はダイレクトに畑に届き、熱をもった土壌を冷やすなど、気温の調節に役立ち、ブドウの乾燥にも重要な役目を果たす。

主に北部プーリアで栽培されているネーロ・ディ・トロイアはフローラルな香りが特徴で、アロマがあり、風の恩恵でさらに香り高くなる。

藤の花、ネズの実、黒プラム、甘草、タイムなどのシャープな香りも広がる。冷やかなまでに整然としたタンニン、しっとりとした質感が複雑な風味をつくる。そして、この品種にアリアニコが加わり、厚みと構成力が増す。品のよさと力強さを両立させた、バランスのよいワイン。

料理との相性

ソフトなアタックから煮込みハンバーグデミグラスソース、熊の掌の煮込み、牛肉とタケノコのオイスターソース炒め。スパイシーな香りから牛肉の唐辛子汁煮、牛ホホ肉の山椒煮込み。赤身肉に重めのソースを使ったものなど、全体的に重めの料理がいい。　★★

㉟ モンテプルチアーノ・ダブルッツォ "コッレ・マッジョ"

Montepulciano d'Abruzzo "COLLE MAGGIO"

トッレ・ザンブラ Torre Zambra

赤

土壌	：粘土質、石灰質
品種	：モンテプルチアーノ
醸造方法	：発酵はステンレスタンク、熟成もステンレスタンクで12ヵ月間と木樽（225l）で16ヵ月間。瓶熟成は最低6ヵ月間。

標高	：250m
方位	：南、南東
仕立て方	：垣根式（コルドーネ・スペロナート）
植樹期	：1987〜2004年
植栽密度	：1,600〜4,000本 / ha
収量	：8.8t / ha

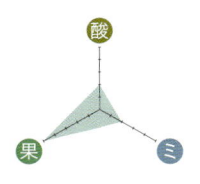

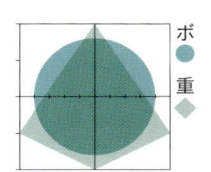

🍷 ワイン解説

アドリア海側からアペニン山脈に向かってモンテプルチアーノの畑が広がっている。この品種は鮮やかな紫ルビー色でたっぷりとした果実味が特徴だ。とくに粘土質土壌で造られると、顕著にこの特徴が現れる。

このワインにはカシス、ブラックベリー、プラム、マラスキーノチェリーなどの赤い果実とシナモン、丁字、ナツメグ、シガーなどの茶系の香りがあり、どの香りにもビビッドな鮮度感がある。

ボディを形成しているのは丸みを帯びたやわらかな酸、熟れてソフトなタンニン、純化された果実の甘さがあり、まるで果物をそのまま食しているような感覚に襲われるほどだ。流れもゆるやかでスムーズにミッドを通り過ぎ、しっとりとした質感に触れながらエンディングに向かう。誰にでも親しまれる、牧歌的な味わいのワイン。

🍴 料理との相性

やわらかな感触から仔山羊のトマト煮、トリッパのグラタン ドライトマト風味。スパイス的な香りから辛いトマトのフジッリ、ジャージャー麺。粘性から銀ダラの照り焼き、レモンの皮の入った豚の頭と耳のサラミ。トマトとの相性がとてもいい。 ★★

アブルッツォ州

㊱ トレッビアーノ・ダブルッツォ
Trebbiano d'Abruzzo

ニコデミ Nicodemi

土壌　　：石灰質、粘土質
品種　　：ボンビーノ・ビアンコ
醸造方法：発酵はステンレスタンク、熟成もステンレスタンクで3ヵ月間。瓶熟成は最低2ヵ月間。

標高　　：300m
方位　　：東
仕立て方：ペルゴラ・アブルツェーゼ
植樹期　：1997年
植栽密度：2,500〜3,000本/ha
収量　　：7.0t/ha

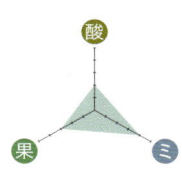

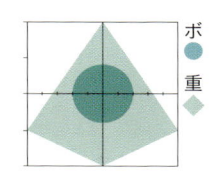

ワイン解説

アドリア海からわずかに内陸に入った丘陵に畑がある。強い日差しを避けるべく、ここで使われているのは、高さのあるペルゴラ仕立てで、この仕立て方では過剰な糖度の上昇を防ぎ、充分な酸が保たれる。

ビワ、ほおずき、アプリコット、長十郎梨などのやわらかな果実香と、セメダイン、金属板などのシャープな香りが交差する。

石灰質土壌ということだけでなく、品種本来のミネラリックな味わいが加わり、緻密なミネラルが基本構造の主軸を担っている。ボディには適度な厚みがあり、重心も低めだが、酸の純度が高いため、重さや暑さを感じさせない。ワインは中程度の熟成に耐えられ、熟成するにつれてミネラル感がさらに増し、表面にゴリゴリとした感じが現れてくる。

料理との相性

ミネラル感から甲イカのフリット、内臓肉を使ったラグーソースのパスタ。ハーブ香からサルティンボッカ。ボディの厚みから鶏の水炊き、豚足の煮込み。しっかりとした素材を選び、シンプルな調理方法で素材の味わいを生かす。　★★

アブルッツォ州

㉗ ロッソ・コーネロ "モロドール"
Rosso Conero "MORODER"

モロドール Moroder

土壌　　：粘土質、石灰質
品種　　：モンテプルチアーノ
醸造方法：発酵はステンレスタンク、熟成を大樽
　　　　　（16,20,27hl）で24ヵ月間。瓶熟成
　　　　　は最低6ヵ月間。

標高　　：250m
方位　　：南、南東
仕立て方：垣根式（グイヨ）
植樹期　：1996年
植栽密度：4,000本 / ha
収量　　：8.0t / ha

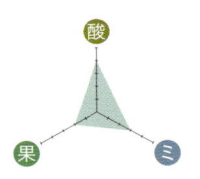

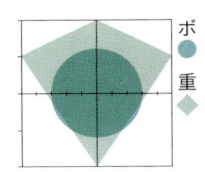

🍷 ワイン解説

　アンコーナの南側の突き出た半島に畑がある。ここの海岸線には砂浜がほとんどなく、切り立った絶壁で、畑の傾斜はかなりゆるやかで平地に近い。この小さな半島には丘陵がないため、風は北、東、南の3つの方向から吹き込んでくる。また、日光は日が昇ってから沈むまで、一日中、畑に差し込む。

　元来、モンテプルチアーノはたっぷりとした味わいのワインだが、ここはかなり強い海風が吹き抜け、また、土壌の石灰質含有量が高いこともあって、ワインにはシャープさが加わる。

　野イチゴ、ブラックベリー、ネズの実、インクなどのはっきりとした香りが、スレンダーな容姿に映し出され、すっきりとした酸と果実味が全体を押し上げる。ボディはやわらかだが、全体に抑制が効き、小ぶりで細やかなディテールを成している。

🍴 料理との相性

すっきりとしたスタイルからタリアータ　ローズマリー風味、カタツムリの辛いトマト煮。スパイス的な香りから仔羊のトマト煮　フェンネルシード風味、鶏肉の山椒炒め、シシカバブ。素材や調味料は多用しつつ、料理をすっきりと仕上げる。
★

❿ ヴェルディッキオ・デイ・カステッリ・ディ・イエージ・クラッシコ・スペリオーレ "ポデューム"
Verdicchio dei Castelli di Jesi Classico Superiore "PODIUM"
ガロフォリ　Casa Vinicola Gioacchino Garofoli

白

土壌	：粘土質、砂質
品種	：ヴェルディッキオ・ビアンコ
醸造方法	：発酵はステンレスタンク、熟成もステンレスタンクで15ヵ月間。瓶熟成は最低4ヵ月間。

標高	：380m
方位	：南
仕立て方	：垣根式（グイヨ）
植樹期	：2001年
植栽密度	：4,000本/ha
収量	：8.0t/ha

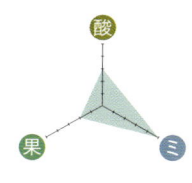

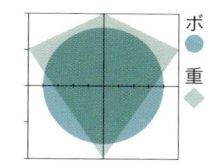

🍷 ワイン解説

　カリッとした硬質な歯ごたえ、と言えるほど個性的なヴェルディッキオ。イタリアの白ワインの中でも好き嫌いが明確に分かれるワインである。石灰岩をそのまま感じるほどの、ミネラルがダイレクトに伝わる。ゴリゴリとした荒っぽさがある一方、野性的な深みのある匂いがする。香りにはアカシアなどのフローラル系もあるが、基本的には、白胡椒、ユーカリ、マジョラム、火打石など硬質な香りが中心だ。

　強い構成力をもち、グリップも厚く、骨格もはっきりと現れ、信じられないほどアクティブにグイグイとアプローチしてくる。塩味がベースを支え、厚みのあるボディが形成されている。白ワインとは思えないほど、ワイルドな味わいで暴力的な魅力もある。

🍴 料理との相性

ワイルドな味わいから、マルケ風ラザーニャ。深さのある味わいから大根と鶏肉の味噌炒め煮。ミネラル感からバンバンジー。スパイスとボディ感から車海老のタンドリー。密度感のある、重すぎない料理。　★

❸⓽ サンジョヴェーゼ・ディ・ロマーニャ・スペリオーレ "レ・グリライエ"

Sangiovese di Romagna Superiore "LE GRILLAIE"

チェッリ Celli Societ à Agricola di Sirri&Casadei

土壌	：粘土質、石灰質
品種	：サンジョヴェーゼ、モンテプルチアーノ、カベルネ・ソーヴィニヨン他
醸造方法	：発酵はステンレスタンク、熟成もステンレスタンクで6ヵ月間。瓶熟成は最低4ヵ月間。
標高	：220m
方位	：南南西
仕立て方	：垣根式（グイヨ、コルドーネ・スペロナート）
植樹期	：1987〜2002年
植栽密度	：2,900〜4,000本 / ha
収量	：9.5t / ha

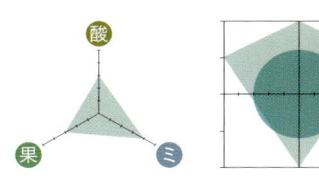

🍷 ワイン解説

　小高い丘陵にあるこの畑からは、アドリア海が一望できる。土壌にはたくさんの貝殻化石が含まれており、昔、ここが海だったことを知らせる。白っぽい粘土質土壌の畑は保水力が高く、夏の日照りでも水不足に困ることはない。味わいにはミネラルっぽさがあり、ワインには細い線で描いたような、きれいな輪郭が浮かび上がる。

　南側にあるアペニン山脈の分脈とアドリア海から畑に微風が届き、爽やかな風が一日中感じられ、すっきりとしたスタイルをワインに与える。香りにはブラックベリー、野イチゴなどのフレッシュな果実系と、黒胡椒やセージなどのスパイスハーブ系の香りがある。背筋が伸びた凛とした容姿だが、一方では海のワインらしい、おおらかさと明るさもある。

🍴 料理との相性

やわらかな感触から豚ロースのプラム煮込み。ボリューム感からホウレン草を使った緑色のラザーニャ。ミネラリーな感じからシャコのタリアテッレ。エッジのあるワインなのでアクセントを効かせた料理がいい。　★★

エミリア＝ロマーニャ州

㊵ レフォスコ・ダル・ペデュンコロ・ロッソ
Refosco dal Peduncolo Rosso

カ・ボラーニ　Tenuta Ca'Bolani

土壌　　：粘土質
品種　　：レフォスコ・ダル・ペデュンコロ・ロッソ
醸造方法：発酵はステンレスタンク、熟成はステンレスタンクと木樽で6ヵ月間。瓶熟成は2ヵ月間。

標高　　：0m
方位　　：北から南
仕立て方：垣根式(グイヨ)
植樹期　：2000年
植栽密度：5,000本 / ha
収量　　：7.0〜7.5t / ha

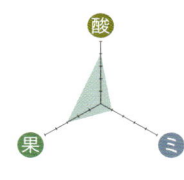

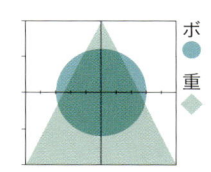

🍷 ワイン解説

ヴェネツィア湾の岸辺から内陸に向かって続く潟には、いつしか粘土が堆積し、土壌になり、そこにブドウが植えられ、畑になった。ヴェネツィア共和国時代から、この地ではブドウ栽培が盛んで、このワインも重要な国賓用ワインとして使われていた。

深紅のような濃いルビー色。プラム、アメリカンチェリーなど黒っぽい果実香に、黒胡椒、墨汁、濡れた炭、鉛筆の芯などのかっちりとした香りが加わり、さらにシャープな酸味がベースを支え、がっちりとした骨組みができ上がっている。粘土質土壌らしい、どっしりとした重量感と、荒っぽく、強靭なタンニンからは、整然とした力強さが感じられる。イタリアらしい乱暴な面白さがある、躍動感溢れるワイルドな味わい。

🍴 料理との相性

野性的な味わいからウナギの炭火焼き、マトンカレー、チリコンカルネ。スパイス系の香りからイノシシの黒オリーヴとネズの実煮込み、仔羊のオーブン焼きローズマリー風味。焦げめのついた焼き物、スパイスを生っぽく使うなど、料理を立体的に仕上げる。　★

㊶ カルソ・マルヴァジア
Carso Malvasia

ジーダリッヒ Zidarich

土壌　　：石灰質、粘土質
品種　　：マルヴァジア・イストリアーナ
醸造方法：発酵は木樽、熟成はスロヴェニア産の木樽で24ヵ月間。瓶熟成は最低24ヵ月間。

標高　　：260～280m
方位　　：南東
仕立て方：垣根式（グイヨ）、アルベレッロ
植樹期　：1982～2002年
植栽密度：7,000～10,000本 / ha
収量　　：4.0～5.0t / ha

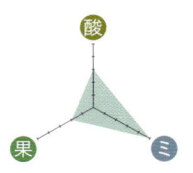

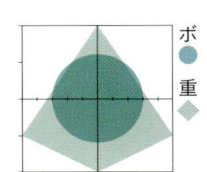

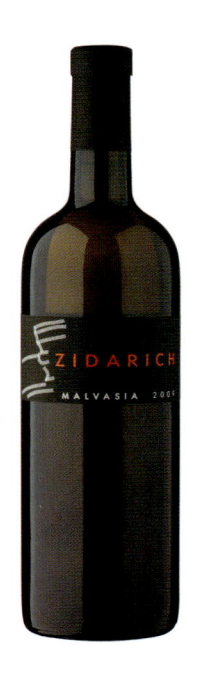

🍷 ワイン解説

ブドウ畑はスロヴェニア国境の東側から、ヴェネツィア湾を囲むように細長く続いており、このワインの畑は湾を見渡せる小高い丘陵にある。

石灰石礫を多く含む土壌は表土が浅いが、樹勢の強いマルヴァジア・イストリアーナの根は地中深くまで張っている。ちなみに、この品種はヴェネツィア共和国時代にクロアチアの湾に浮かぶ島々や、ヴェネツィア湾を囲む沿岸で甘口ワイン用として広く栽培されていた。

しっかりとしたアロマ香と金柑、ほおずき、白胡椒、フリージアなどの鮮明でフレッシュな香りが芳香する。加えて、海から運ばれる塩味と土壌に含まる鉄分から生まれる、ミネラリックな香りと味わいがある。太めの酸と後味に残る心地よい苦みに、海のワインらしい、太陽と風が感じられる。

🍴 料理との相性

アロマティックな香りからクサヤ、ゴーヤチャンプルー、仔豚の香草詰めロースト。ミネラリックなボディから仔山羊のグリル、トリエステ風牛肉の煮込み。スパイス的な香りからタンドリーチキン、マグロのアラ煮 八角風味。全体的に厚みがある料理がいいが、重くならないように工夫する。　☆

フリウリ＝ヴェネツィア・ジューリア州

㊷ カルソ・ヴィトヴスカ
Carso Vitovska

スケルク Skerk

白

土壌　　：石灰質、粘土質
品種　　：ヴィトヴスカ
醸造方法：発酵は木樽、熟成を大樽(15〜29hl)
　　　　　で12ヵ月間。瓶熟成は最低4〜6ヵ
　　　　　月間。

標高　　：250m
方位　　：南
仕立て方：垣根式(グイヨ)、アルベレッロ
植樹期　：1982〜1997年
植栽密度：8,000本 / ha
収量　　：3.0〜4.0t / ha

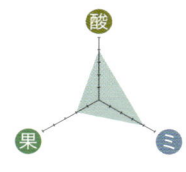

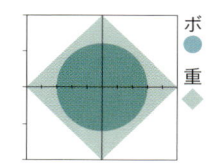

🍷 ワイン解説

　ヴィトヴスカはこの地に長く根づいた土着品種だが、DNAの分析結果では、マルヴァジア・イストリアーナと同系列と判明したらしい。確かに、このふたつは苦みのタイプが似ているかもしれない。ヴィトヴスカの方がやや果粒は大きめで、樹勢が強いが、収穫期も近い。
　この地域は一年中海風が吹き、時折、降雨の後にボラと呼ばれる強風が北東からやってくる。この風は密着粒のブドウでもすぐに乾かして病気を防ぐため、農薬を減らした、より自然な栽培方法が可能になる。
　繊細な酸が濃密な果実味に溶け込み、ふっくらと膨らんだ肢体が、海風によって研ぎ澄まされ、シャープな曲線に変わる。セルロイドのような冷たい感触の肌ざわり、そして、セージやオレガノなどのハーブ香が涼しさを誘う。異国の雰囲気を漂わせた、このワインからイタリアの歴史を知ることができる。

🍴 料理との相性

すっきりさとボディの厚みから名古屋コーチンの鶏わさ、手長海老の香草焼き。後味のゆったりとした感じからキノコ類のソテー、小籠包、ラビオリのリコッタ詰め セージバターソース。素材と、ソースや調理法を融合させた料理。　★

108　フリウリ＝ヴェネツィア・ジューリア州

山のワイン

㊸ コッリオ "ビアンコ・デッラ・カステッラーダ"
Collio "BIANCO DELLA CASTELLADA"

カステッラーダ La Castellada

白

土壌　　　：粘土質
品種　　　：ピノ・グリージオ、シャルドネ、
　　　　　　ソーヴィニヨン・ブラン
醸造方法：発酵は木樽（225l、26hl）、熟成はステンレスタンクと木樽で12ヵ月間。瓶熟成は最低12ヵ月間。

標高　　　：180m
方位　　　：北東、南西
仕立て方：垣根式（グイヨ）
植樹期　：1967〜1990年
植栽密度：3,500〜6,000本 / ha
収量　　　：3.5t / ha

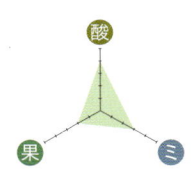

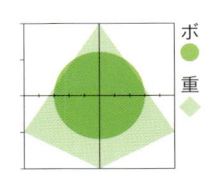

🍷 ワイン解説

この地域の特徴は個性的な土着品種が多く、伝統的にこれらの品種をブレンドして「コッリオ・ビアンコ」と呼ばれるワインを造る。単一品種でワインが造られるようになったのは近年のことだ。

ここは降水量が多いため、ブレンドすることによりクオリティを安定させ、リスクを回避してきた。ブレンドワインはそれぞれの品種の特性を生かしながら、ひとつのワインを完成させる。このワインはピノ・グリージオの適度な肉厚さと複雑性、シャルドネのボディ感、ソーヴィニヨンのアロマティックな香りの組み合わせで、これらが渾然一体となり、ひとつの新しい個性が生まれた。

酸味の奥にアロマが潜み、前面にはやわらかな果実味と心地よい苦みが現れ、土地らしい翳りも感じさせる。ワインには成熟した魅力がある。

🍴 料理との相性

適度なボディ感からマッシュポテトのラビオリ シナモンバターソース、牛肉とマッシュルームのクリーム煮込み、鴨モモ肉のコンフィ。翳りのある雰囲気から牛バラ肉のパプリカ煮込み。ソースを重めにして厚みのある料理に仕上げる。

★★

赤

㊹ コッリ・オリエンターリ・デル・フリウリ “サクリサッシィ・ロッソ”

Colli Orientali del Friuli “SACRISASSI ROSSO”

デュエ・テッレ Le Due Terre

土壌　：粘土質、石灰質
品種　：スキオペッティーノ、レフォスコ・ダル・ペデュンコロ・ロッソ
醸造方法：発酵はセメントタンク、熟成は木樽(225l)で22ヵ月間。瓶熟成は最低4ヵ月間。

標高　：130～150m
方位　：南東
仕立て方：垣根式(グイヨ)
植樹期　：1991年
植栽密度：4,500本 / ha
収量　：5.0t / ha

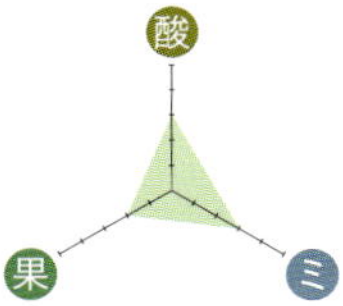

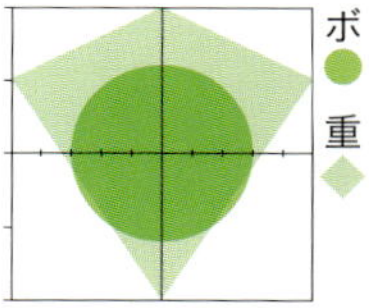

ワイン解説

プレポットは比較的なだらかな丘陵が続く産地だが、畑は木々が生い茂る森林に囲まれ、東側にはルドリオ川が流れている。降水量は比較的多いが、周囲にある森のおかげで気温と湿度が適度に調節され、保たれている。ワインの質感もこの環境に近いニュアンスをもち、しっとりとした落ち着いた味わいがする。

プラムのリキュール漬け、墨汁、ヨード、腐葉土などの潤いのある香りがベースになり、赤いバラ、スパイス系、錆びた鉄くぎなどのアクセントのある香りが加わる。木樽からのリッチなタンニンもほどよく溶け込み、熟れた果実を連想させるやわらかさが複雑に交錯する。酸も含め、ワイン全体が一体化し、形容しがたい様式美を作っている。グラデーションのかかった陰影には、静寂にして情緒ある高貴な趣きを感じる。

料理との相性

スパイス感と厚みからカカオを使ったペポーゾ（牛肉の胡椒煮込み）。複雑性からすき焼き。深みのある香りから牛スペアリブの豆豉蒸し。しっかりとした存在感から鯉こく。素材や調味料の数が多い、適度な重さのある料理がいい。　★

㊺ コッリオ・ソーヴィニヨン "ロンコ・デッレ・メーレ"
Collio Sauvignon "RONCO DELLE MELE"
ヴェニカ・エ・ヴェニカ Venica&Venica

白

土壌	：粘土質、石灰質
品種	：ソーヴィニヨン・ブラン
醸造方法	：発酵、熟成ともに、80％をステンレスタンク、20％を大樽（27hl）で、熟成期間は5ヵ月間。瓶熟成は最低7ヵ月間。

標高	：100〜150m
方位	：北西
仕立て方	：ドッピオ・カポヴォルト
植樹期	：1984〜1992年
植栽密度	：4,500本 / ha
収量	：8.0t / ha

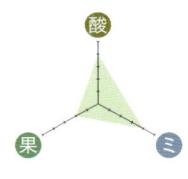

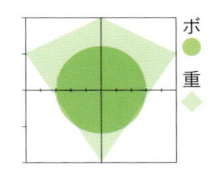

ワイン解説

　北側にあるアルプス山脈から吹き降りる冷たい風は、一気に畑の温度を変える。この風によってもたらされるすっきりとした、抜けるようなアロマが芳香する。クラクラと酔ってしまいそうなほど、ストレートでインパクトのある香りだ。
　ローズマリーの花、トマトの葉、パプリカ、金柑、ほおずきなどの香りが辺り一面に放たれる。土壌には貝殻の化石が多く含まれ、ミネラリックな要素も多い。これらの環境条件はアロマを安定させ、香りを際立たせる。すっきりとした酸と相まって、強さと厳しさを秘めた、引き締まったボディができ上がる。

　重さがあるにも関わらず、軽やかな印象なのは、この芯の強い香りのおかげだろう。粘土質の重さとシャープな石灰質、そして激しい寒暖差による豊かな香り。まさにテロワールが成せる技である。

料理との相性

清々しさから青パパイアのサラダ タイ風。複雑さから揚げ魚のスイートチリソースがけ、香りからタケノコの木の芽焼き、四川風麻婆豆腐、ガスパチョ、エスカルゴのブルゴーニュ風。香りをイメージしながらしっかりとした素材で重くならない調理法を選ぶ。　★

フリウリ＝ヴェネツィア・ジューリア州

㊻ コネリアーノ・ヴァルドッビアデーネ・プロセッコ・スペリオーレ "サン・フェルモ"

Conegliano Valddobbiadene Prosecco Superiore "SAN FERMO"

ベッレンダ　Bellenda

土壌　　：粘土質、石灰質
品種　　：グレラ
醸造方法：発酵はステンレスタンク、熟成もステンレスタンクで15日間、後にシャルマ方式で発泡性ワインにする。

標高　　：180m
方位　　：南西
仕立て方：シルヴォー、ドッピオ・カポヴォルト
植樹期　：1992〜2002年
植栽密度：3500〜4500本 / ha
収量　　：8.5t / ha

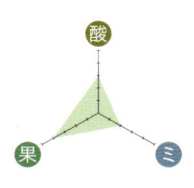

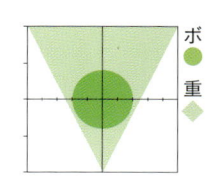

🍷 ワイン解説

ゆるやかな丘陵が連なる、美しい景観に畑がある。プロセッコの生き生きとした酸味と豊かな香りは、冷涼な気候と、石礫や貝殻化石を多く含む多様な土壌構成から生まれる。麦わら色に輝いた気泡に包まれながら青リンゴ、レモンの皮、アカシアの花、ラ・フランスなどのみずみずしい香りが放たれる。

素直に感じられるフレッシュな果実味、心地よい気泡の刺激、戻り香にあるマーマレードのようなほろ苦さ、どれをとっても自然な軽やかさでまとまっている。洗らつとしたミネラル感は、ふっくらとした肉づきのよい肢体に溶け込み、やわらかさと精密さをつくる。余韻に向かって炭酸ガスの泡立ちが香りを強め、清涼感のあるハーブ香や、白やピンクの清楚なバラが、おだやかで上品な性格を生み出す。

🍴 料理との相性

やわらかな感触から野菜のテリーヌ。適度なボディの厚みからポルチーニ茸とリンゴにクルミを添えたサラダ。バランス感覚からアスパラガスの蟹あんかけ。新鮮な食材の味わいを残しながら、均整のとれた軽い調理法を選ぶ。　★★★

ヴェネト州

㊼ ソアーヴェ・クラッシコ "レ・リーヴェ"
Soave Classico "LE RIVE"
スアヴィア Suavia

土壌　　：玄武岩質
品種　　：ガルガネガ
醸造方法：発酵はステンレスタンクと木樽（225 l）、熟成はステンレスタンクで6ヵ月間、木樽で12ヵ月間。瓶熟成は18ヵ月間。

標高　　：280m
方位　　：南
仕立て方：ペルゴラ・ヴェロネーゼ
植樹期　：1952～1957年
植栽密度：3,000本 / ha
収量　　：8.0t / ha

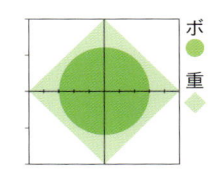

ワイン解説

ソアーヴェの産地の東側にあるこの畑は、起伏に富んだ丘陵にあり、土壌は玄武岩を含む火山性で構成されている。北側にそびえるアルプスの裾野にあり、夜間には冷たい風が畑に吹き込む。そのおかげで夏期でも朝夕には気温が下がり、ブドウのストレスをやわらげる。

ここでは強い日光を避けるため、伝統的なペルゴラ仕立てでブドウが栽培されている。透明感のある酸に腰の座ったミネラルが重なり、それによってピシッと筋の通ったボディが完成する。

フリージア、アカシア、菩提樹などの白や黄色の花々が咲き乱れ、ミッドからは、底を押し上げるように複雑な味わいが現れ、ゆるやかなカーブを描きながら、美しいフィネスへと導く。土壌由来と思われるスモーキーなニュアンスが個性を強める。

料理との相性

ミネラル感からバッカラのペースト、内臓を使ったラグーソース。上品な香りから鮎の塩焼き、松茸の土瓶蒸し。ボリューム感から冷しゃぶ、ミラノ風カツレツ。料理には適度な強さは必要だが、シンプルな調理法を選びたい。　★★

ヴェネト州

㊽ ソアーヴェ・スペリオーレ "イル・カザーレ"
Soave Superiore "IL CASALE"

ヴィチェンティーニ・アゴスティーノ　Vicentini Agostino

白

土壌　　：石灰質、粘土質、砂質
品種　　：ガルガネガ
醸造方法：発酵はステンレスタンク、熟成もステンレスタンクで7〜8ヵ月間。

標高　　：200m
方位　　：南西
仕立て方：垣根式(グイヨ)
植樹期　：1992年
植栽密度：4,000本 / ha
収量　　：6.0t / ha

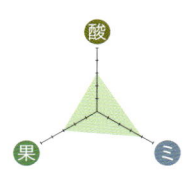

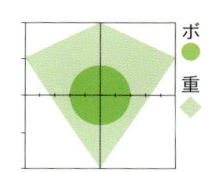

ワイン解説

　ソアーヴェの産地の西側にあたる土壌は石灰質が多い。このワインも西側にある、クリュ「イル・カザーレ」のブドウで造られている。このクリュは風通しのよい、石灰を多く含む粘土質と砂質の土壌になる。
　ガルガネガは、ブドウ自体がミネラリックな成分に反応する性質なのではと思うほど、このブドウからできるワインにはミネラルがある。まして土壌に石灰質含有量が多いとなれば、なおさらだ。
　アプリコット、ザボン、マカデミアナッツ、サフラン、ラ・フランスなどの抜けのいい香り。かっちりとした細く硬い骨格は、硬質でいてゴリつかず、整然と構成されている。そこにすっきりと抜けのいい酸が貫き、密度感の高いミネラルと根底で交わる。

料理との相性

密度感から若鶏モモ肉とキノコのフリカッセ、ウナギのロースト 香草風味。カジュアルな複雑性からコンビーフ入りハッシュドポテト、鶏モツ入りのグラタン。抜けのいい酸味から桜海老のかき揚げ、金華ハムと鶏の煮こごり。軽やかで粘質のある料理。　★★

ヴェネト州　115

アマローネとリパッソ
〜リッチなテクスチャーで妖艶な味わい〜

　通常は単にアマローネと呼ばれるが、正式名はアマローネ・デッラ・ヴァルポリチェッラ。このワインはアッパシメントの方法を用いて造られる。アッパシメントとはブドウを収穫した後に風通しのよい部屋に運び、スノコの上にブドウの房を並べ、3ヵ月間ぐらい乾燥させてブドウをレーズン化して凝縮させる方法。この熟れたブドウを絞って造るワインがアマローネになる。現在は辛口のワインだが、歴史的には甘さが残るワインが始まりだった。

　アマローネには大きく分けるとふたつのスタイルがある。ひとつは、アッパシメントの期間を長期に行ない、ブドウの凝縮度を上げ、熟成に木樽のバリック樽を使用した、ブドウの凝縮感と木樽からのバニラやタンニンを強調したパワフルな現代的タイプ。もうひとつは、自然な環境で適度にアッパシメントし、自然な複雑性と果実味を生かし、大きな木樽を使って熟成させる伝統的なタイプである。

　そして他方、リパッソはベルターニ社が考案した製法。アマローネで使用したブドウの絞りかすを再利用する方法で、通常のワインの発酵途中にこの絞りかすである果皮を入れ、再度発酵させる。この製法の目的は手軽に、より力強いワインを造ることにある。

　これらはいずれもワインに厚みをもたせて凝縮感を上げるが、その一方でこれらの製法ならではの風味も生み出す。主な産地は西から、サン・アンブロージョ・ディ・ヴァルポリチェッラ、サン・ピエトロ・イン・カリアーノ、フマーネ、マラーノ、ネグラールの5つになる。伝統的には3つのブドウ品種、コルヴィーナ、ロンディネッラ、モリナーラをブレンドして造る。

㊹ アマローネ・デッラ・ヴァルポリチェッラ
Amarone della Valpolicella

ロマーノ・ダル・フォルノ　Azienda Agricola Romano dal Forno

赤

土壌　　：粘土質、砂質
品種　　：コルヴィーナ、ロンディネッラ、クロアティーナ、オセレタ
醸造方法：発酵はステンレスタンク、熟成を木樽（225l）で24ヵ月間。

標高　　：290〜350m
方位　　：北から南、東から西
仕立て方：垣根式（グイヨ）
植樹期　：2002年以前
植栽密度：2,000〜13,000本 / ha
収量　　：5.5〜6.0t / ha

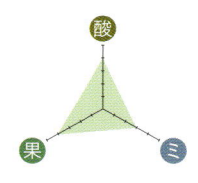

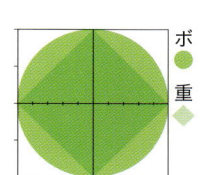

🍷 ワイン解説

　その昔、アマローネの技法はワインを長く保存させるために考案されたが、現在ではひとつのイタリアらしいスタイルとして伝承されている。単に凝縮したブドウの濃い風味だけではなく、品種が元来もっているアロマ香でもなく、アッパシメントした際にグリセリンが変化し、新たな品種の香りが引き出される。その複雑な風味こそがこのワインの特徴といえる。アールグレーを蒸したような、ヘーゼルナッツのチョコのような、深みのある洗練された上質な香り。

　すっきりとした酸が保たれた味わいの中に、パウダーのようなタンニンが舞い上がり、アフターには妖艶な深紅のバラ。アマローネに新アロマ香というべき、成熟した魅力が加わることにより、ただ単に複雑性が増すだけでなく、普遍的な上品さが生まれる。

🍴 料理との相性

味わいの複雑性からふくろ茸の豆豉炒め、鶏レバーの黒酢煮、仔鴨のドーブ（赤ワインとスパイス煮込み）、ツグミのロースト。香りの複雑性からサワラの山椒照り焼き、ドライトマトを詰めた地鶏のマスタードソテー。香りのある素材を使い、調理法にもヒネリを加える。　☆

ヴェネト州

50 ヴァルポリチェッラ・スペリオーレ・リパッソ "カピテル・サン・ロッコ"

Valpolicella Superiore Ripasso "CAPITEL SAN ROCCO"

テデスキ　Agricola Filli Tedeschi

赤

土壌	：石灰質、粘土質
品種	：コルヴィーナ、コルヴィローネ、ロンディネッラ他
醸造方法	：2度の発酵はステンレスタンク、熟成を大樽（30〜50hl）で18ヵ月間。瓶熟成は最低6ヵ月間。

標高	：350m
方位	：南西
仕立て方	：ペルゴラ・ヴェロネーゼ
植樹期	：1998年
植栽密度	：3,000本 / ha
収量	：10.0t / ha

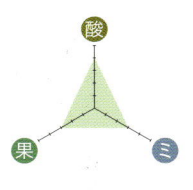

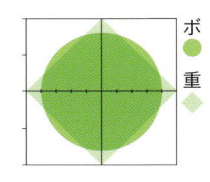

ワイン解説

　発酵の途中にブドウの絞りかすである果皮を加えるリパッソ製法。この方法を用いるワインは、味わいの奥行きと濃密さが絶妙なバランスになる。

　ニオイスミレ、クランベリー、森の湿った土、丁字などのしっとりとした香り。畑は比較的標高の高い丘陵にあり、夜間の気温が低くなるため、ワインにはスレンダーな涼しい酸味が生まれる。酸がまっすぐに伸び上がり、がっちりとした骨格に絡むように中心に位置し、全体を支える。

　とくに注目したいのは全体の流れだ。アタックは酸の印象が強いが、ミッドからはボディが膨らみ、熟れた黒い果実的な戻り香が現れ、細やかなタンニンと交わり、力強さと複雑性を両立させる。余韻には層を成すように多彩な要素が現れ、重い苦みを残さない。

料理との相性

甘い印象のアフターからスペアリブの香味焼き、レバーと玉ネギの炒め物 ヴェネツィア風、きんぴらごぼう。奥行きのある香りから豆腐ようを使ったグラタン。味わいの複雑性から黒酢を使った酢豚。素材感を生かした、しっかりと味つけした料理。　★

ヴェネト州

51 ヴァルポリチェッラ・ヴァルパンテーナ "セッコ・ベルターニ"

Valpolicella Valpantena "SECCO BERTANI"

ベルターニ Bertani

赤

土壌　　　：石灰質、粘土質
品種　　　：コルヴィーナ、ロンディネッラ
醸造方法：2度の発酵はステンレスタンク、熟成は大樽（オーク材、桜材、栗材の25hl）で18ヵ月間。瓶熟成は最低6ヵ月間。

標高　　　：150～300m
方位　　　：全方位
仕立て方：垣根式（グイヨ）
植樹期　　：1992年
植栽密度：3,000～5,000本 / ha
収量　　　：9.0t / ha

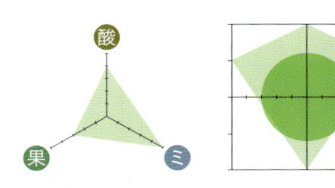

🍷 ワイン解説

ヴェローナの北側に広がる小さな地域のヴァルパンテーナは石礫が多く、表土が深い石灰質土壌で構成されている。

ワインには迷いのない、すっきりとした伸びのいい酸があり、冷たいタンニンとハーモニーを奏でる。ザクロ、ラズベリー、カルダモン、バルサム系、黒スグリなどのシャープな香り。

リパッソ製法を用いると重心が低めになるが、このワインは石灰質含有量が多い土壌のため、重心が高く軽やかな味わい。透明度が高い、凛々しい酸と、リパッソ製法に所以する複雑性があり、コントラストのある大きな味わい。そして、締まった肉づきにくっきりと現れた背骨、整った肢体には強い構成力がある。太めで不均等になりがちな製法にも関わらず、土壌の特徴を生かした完成度の高いワイン。

🍴 料理との相性

タイトなボディ感から上海蟹の紹興酒漬け、鯉の洗い。密度感から牡蠣の味噌漬け、タイ風グリーンカレー、焼きタラバガニ。味わいの奥行きからリードヴォーのトリュフクリーム。重量感のある素材に濃厚な味つけをしながら、かつ軽やかに仕上げる。　★★

ヴェネト州

🍇 52 フェラーリ・ブリュット
Ferrari Brut

フェラーリ Ferrari F.lli Lunelli

泡

土壌　　：モレーン、砂質、玄武岩質
品種　　：シャルドネ
醸造方法：第一次発酵はステンレスタンク、第二次発酵と熟成を瓶内で30〜36ヵ月間。

標高　　：300〜700m
方位　　：南東、南西
仕立て方：ペルゴラ、垣根式(グイヨ)
植樹期　：1982〜1992年
植栽密度：5,000〜6,000本 / ha
収量　　：10.0t / ha

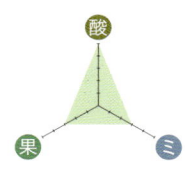

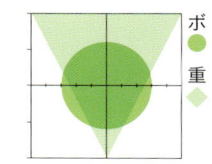

ワイン解説

アディジェ川の東西に渓谷があり、この渓谷の斜面にブドウ畑が作られている。このワインは3つの村のブドウをブレンドして造る。標高の高い畑からは酸度が得られ、南向きの畑からは糖度が得られる。そして土壌に由来する清楚で上品な香りも加わる。

ガルダ湖の影響によって温かな風が畑に吹き込むため、急激な寒さはなく、一年中、比較的温暖な気候に恵まれる。これらの環境から、発泡性ワインにとって大切な強い酸味、豊かな香りができるというわけだ。

チャービル、レモンの皮、すりおろしたリンゴ、鉱物的な香りが、細やかな気泡に溶け込み、そして、ゆっくりと解き放たれる。驚くほど多彩で鮮度感のある香りが広がっていく。芯のしっかりとした酸にシャルドネの繊細さが加わった、迷いのない崇高な味わい。

料理との相性

発泡性からどじょう鍋、カルチョフィのサラダ。デリケートなニュアンスからフカヒレの姿煮込み 卵白ムース添え、鱧の白子豆腐。後味の苦みを生かしてホヤの塩辛、木の芽類の天ぷら。アイデア次第でどんな料理にも合わせられる。
★★★

トレンティーノ＝アルト・アディジェ州

53 ノジオーラ・ドロミティ
Nosiola Dolomiti
ポエル・エ・サンドリ Pojer&Sandri

白

土壌　　：粘土質、石灰質
品種　　：ノジオーラ
醸造方法：発酵は80％をステンレスタンク、20％を木樽(225l)、熟成はステンレスタンクで7ヵ月間。瓶熟成は最低4ヵ月間。

標高　　：300〜400m
方位　　：南西
仕立て方：ペルゴラ・トレンティーノ
植樹期　：1982〜2004年
植栽密度：6,000本 / ha
収量　　：11.0t / ha

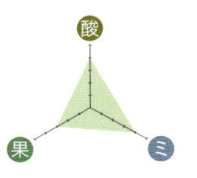

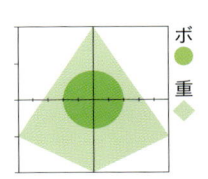

🍷 ワイン解説

アディジェ川の東側にそびえるドロミティ山塊。この山の麓に産地がある。山岳気候とはいえ、ガルダ湖から温かな風が流れ込むため、冬でも厳しい寒さにはならない。

アカシアなどの白い花、グレープフルーツの果肉、フェンネルシードなどの透明感のある香り。そして、さらりとした触感がヒンヤリとした感覚に変わり、肌に伝わる。奥からは湧き上がるようにミネラルがジンワリと現れ、広がっていく。酸はやや太めだが存在感があり、後味にザボンの皮を噛んだような苦みが出てくるが、これがまた心地よい。

だけど、ちょっと物悲しい気持ちになる。あまりにも控えめで慎ましやかな性質だから、この土地だけに、この品種が根づいたのだと思ってしまう。

🍴 料理との相性

翳りのある表情からカネーデルリ（ベーコンが入ったパン団子）、ミネラリーなおいしさからおでん、蒸し鶏のごまとクルミのソースがけ。さっぱり感からマスのホイル焼き、クラゲの和え物。動物性油脂を使わず、素材のおいしさを生かした料理。　★★★

トレンティーノ＝アルト・アディジェ州

54 アルト・アディジェ・ゲヴェルツトラミナー
Alto Adige Gewürztraminer

エレナ・ヴァルヒ　Elena Walch

白

土壌　　：石灰質、粘土質
品種　　：トラミネル・アロマティコ
醸造方法：発酵はステンレスタンク、熟成もステンレスタンクで4ヵ月間。

標高　　：350m
方位　　：南
仕立て方：垣根式(グイヨ)
植樹期　：1992年
植栽密度：10,000本 / ha
収量　　：10t / ha

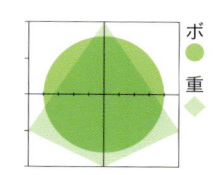

🍷 ワイン解説

　ゲヴェルツトラミナーは主にドイツやアルザスで栽培されている品種だが、オリジナルはここアルト・アディジェのトラミンと言われている。この品種は日照量の多い、石灰質土壌を好む。ワインには特徴的なライチを思わせる、非常にアロマティックな香りがあり、エキゾチックな雰囲気を醸し出す。山のワインとしては酸が太めで、ボディも肉厚でがっちりとしている。

　ハーブ、セメダイン、白胡椒、ラ・フランス、白ユリなどの冷やかな香りがあるが、味わいは香りのイメージとは違い、アルコールが高めで重心が低く、密度感がある、ずっしりとした風格。余韻で現れる苦みは二重奏を奏でて、延々とエンディングまで続くが、重さを残さず、個性となってポジティブな面に関与する。突出した個性のワインなので一度飲んだら忘れられない。

🍴 料理との相性

神秘的な香りからイカとハーブの和え物、スパイス的な刺激から海老のグリーンカレー、後味のアクセントのある苦みから鮎の甘露煮、ミネラル感と甘いイメージからアワビのクリーム煮。スパイスを使った料理全般に合う。　★

トレンティーノ＝アルト・アディジェ州

55 ヴァッレ・イサルコ・シルヴァーナ
Valle Isarco Sylvaner
コフェレルホフ Köfererhof

白

土壌　　：石礫が多い石灰質、粘土質、砂質
品種　　：シルヴァーナ
醸造方法：発酵はステンレスタンク、熟成もステンレスタンクで8ヵ月間。瓶熟成は最低4ヵ月間。

標高　　：650m
方位　　：南
仕立て方：垣根式（グイヨ）
収穫期　：1992〜1997年
植栽密度：7,000本 / ha
収量　　：9.0t / ha

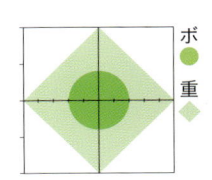

ワイン解説

オーストリアの国境近くにある産地。その影響もあり、栽培されている品種はドイツ系の品種が多い。このシルヴァーナもドイツ、オーストリア、アルザスなどで栽培されており、イタリアでは主にアルト・アディジェ北部に植えられている。ドイツのフランケンのシルヴァーナは肩が張った筋肉質的な硬さがあるが、それに比べ、この土地では温暖な気候の影響もあり、骨格は現れているが、骨太ではなく、全体的にやわらかな感触に包まれている。

長十郎梨、マルメロの実、マカデミアナッツ、青パパイアなどのゆったりとした香りがあり、スモーキーな後香が見え隠れする。塩っぽくミネラリーな硬質感の中に、果実的なニュアンスがあるのはイタリア的といえるだろう。

料理との相性

スモーキーなニュアンスからキノコ類のソテー。ミネラリックな味わいから塩漬け豚肉の煮こごり固め。厚みのある味わいからタイ風サテのピーナッツソース。軽い素材を使い、料理全体としてはやや重めがいい。　★★★

トレンティーノ＝アルト・アディジェ州

56 アルト・アディジェ・ピノ・ビアンコ
Alto Adige Pinot Bianco

カンティーナ・テラーノ　Cantina Terano

白

土壌　　：石英を含む斑岩、砂質
品種　　：ピノ・ビアンコ
醸造方法：発酵はステンレスタンク、熟成もステンレスタンクで6ヵ月間。瓶熟成は最低7ヵ月間。

標高　　：250〜900m
方位　　：南南西
仕立て方：垣根式(グイヨ)、ペルゴラ
植樹期　：2002年
植栽密度：3,500〜6,000本 / ha
収量　　：10.5t / ha

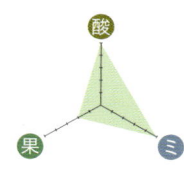

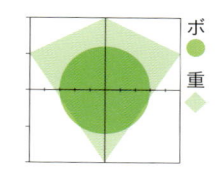

ワイン解説

気候は典型的な山岳気候になる。アディジェ川がボルツァーノでふたつに分流して東西に分かれるが、ここはその西側に当たる地域。急勾配の畑はほぼ南に面しており、日照量も充分に得られる。ピノ・ビアンコは日常的で平凡なブドウ品種と思われがちだが、熟成するにしたがって、ミネラリックな香りと味わいが現れ、驚くほど変貌する。

レモンなどの柑橘系の香りもあるが、白胡椒、セメダイン、火打石などの硬質な香りがベースにある。そして、最も特徴的で存在感をアピールしているのが、山間の産地ならではの澄んだ酸味。太さがありながら、密度が高く、芯の強い酸には力強ささえ感じてしまう。ワイン全体の構成は肩が張り、背筋が伸び、がっちりとした体型で揺るぎない強さを感じさせる。

料理との相性

ミネラル感から鱧の湯引き。パワフルな強さからカルチョフィのフライ。粘質の高さからレバーペースト。酸の強さからイワシのエスカペッシュ。白身肉や脂ののった魚など、軽く調理した料理がいい。　★★

トレンティーノ＝アルト・アディジェ州

赤

57 ヴァルテッリーナ・スペリオーレ “マーゼル”

Valtellina Superiore “MAZÉR”

ニーノ・ネグリ Nino Negri

土壌　：砂質
品種　：ネッビオーロ
醸造方法：発酵はステンレスタンク、熟成を大樽（30～50hl）で16～20ヵ月間。

標高　：400～450m
方位　：南
仕立て方：垣根式（グイヨ）
植樹期　：1970年
植栽密度：3,500本 / ha
収量　：7.0t / ha

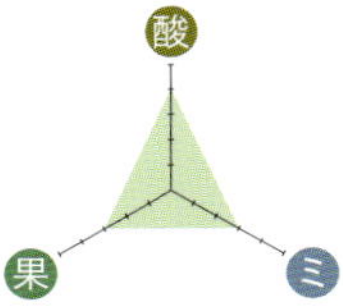

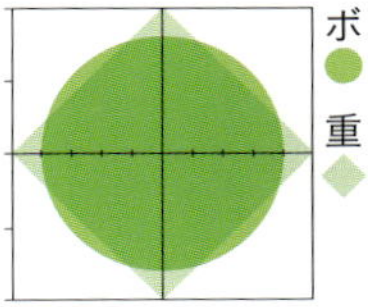

ワイン解説

　ヴァルテッリーナ渓谷は東西に切り立った絶壁が続いている。渓谷の岩肌からは至る所で雪解け水が流れ出ており、この水はブドウ畑の水分補給に役立っている。渓谷の勾配がきついため、急斜面に段々畑が拓かれている。この南向きの畑は日光がよく当たり、日照量が必要なネッビオーロにとって適した方位といえる。昼夜の寒暖差が大きく、また、砂質土壌の影響もあり、可憐でいて華やいだ香りが広がる。

　野に咲く花々、深みのあるスパイス、濡れたなめし革、日陰の湿った森など、複雑で多様な香りが深みのある独特の世界観をつくる。そして、キビキビとしたエグみのないタンニンは、透けるような酸と主軸を作り基礎を成す。ヴァルテッリーナのもつ豊かな香りと、憂いに満ちた翳りがこのワインの魅力といえる。

料理との相性

軽やかさから生ハムとイチジク、マグロのステーキ、ブレザオラとセロリのサラダ クルミ添え。抜けるような力強さから馬肉のタルタルステーキ、カツオのたたき。素材や調理法を考え、重くならないように軽やかに仕上げる。　★★

58 ゲンメ
Ghemme
イオッパ Azienda Agricola Ioppa

赤

土壌 ：モレーン、石灰質、粘土質
品種 ：ネッビオーロ、ヴェスポリーナ
醸造方法：発酵はステンレスタンク、熟成は大樽で24ヵ月間。瓶熟成は最低12ヵ月間。

標高 ：300m
方位 ：南西
仕立て方：垣根式（グイヨ）
植樹期 ：1972〜1997年
植栽密度：4,000本 / ha
収量 ：7.0t / ha

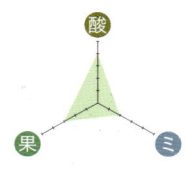

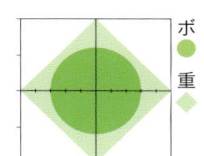

ワイン解説

セージア川の東側に広がる産地。北側の丘陵地帯から流れてきたモレーンと堆積土が混ざり合った土壌になる。

ネッビオーロ種から造られるワインは酸が強く、タンニンが硬く、熟成に時間がかかると思われている。しかし、ガッティナーラの特筆すべき美点は土壌にあり、アタックがやわらかく、優しく仕上がることで、他の産地で造るネッビオーロとは大いに異なる。

このワインは香りもおだやかで、ケイトウ、甘草、カシスリキュールなどのソフトで静けさのある香り。そして、全体がふんわりとした香りに包まれている。

タンニンの質は極めてなめらかで、肌ざわりがまるでヴェルヴェットのようだ。また、山のワインならではの引き締まった酸がベースにあり、立体的な厚みも感じられる。

料理との相性

やわらかさと同化する牛肩肉のワイン煮込み。全体のまとまりから牛肉の煮込みブルゴーニュ風。しっとり感から餡（あん）を使った料理や、ゆっくりと火入れをする煮込みなど、やわらかいテクスチャーが生きる調理法がいい。　★★★

ピエモンテ州

59 ガッティナーラ "サン・フランチェスコ"
Gattinara "SAN FRANCESCO"
アントニオーロ　Azienda Agricola Antoniolo

赤

土壌	：斑岩、砂礫
品種	：ネッビオーロ
醸造方法	：発酵はセメントタンク、熟成を木樽で36ヵ月間。瓶熟成は最低12ヵ月間。

標高	：400m
方位	：南西
仕立て方	：垣根式(グイヨ)
植樹期	：1970年
植栽密度	：4,000本 / ha
収量	：6.0t / ha

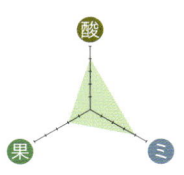

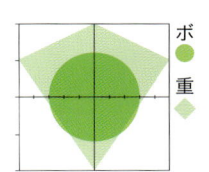

ワイン解説

セージア川の西側に広がる小高い丘陵に畑がある。この地域はアルプス山脈に近いため斑岩や玄武岩などが破砕された火山性土壌が多い。しかし、川を下るにしたがって、粘土質や砂質の堆積土壌の比率が増える。同じネッビオーロで知られるバローロの産地よりも北の地域になり、気候も涼しく、土壌のタイプも違う。バローロは石灰質が多く、ガッティナーラの産地は火山性の土壌が多い。

丁字、胡椒などのスパイス系の香りや火打石っぽいスモーキーな香りなどに、薬草、ヨードも加わり、落ち着いたしっとりとした香りになる。

酸は細めでボディもスレンダー。パウダーのような細やかなタンニン。翳りのある深さと憂いがあり、底力に凛とした強さを感じる。タンニンがかなり硬いため長期熟成に向くものが多い。

料理との相性

抜けのいい酸からブレザオラとセロリのサラダ ゴルゴンゾーラソース。スパイス的な香りからスペック（胡椒をまぶしてくん製した豚肉）のホースラディッシュ添え、ロバ肉のグリーンペッパー煮込み。繊細な料理が好ましく、適度な重さがあり、タンニンが溶け込むもの。　☆

ピエモンテ州

60 エルバルーチェ・ディ・カルーゾ "レ・キュズーレ"
Erbaluce di Caluso "LE CHIUSURE"
ファヴァーロ　Azienda Bennito Favaro

白

土壌　　：モレーン
品種　　：エルバルーチェ
醸造方法：発酵はステンレスタンク、熟成は5%を木樽、95%をステンレスタンクで6ヵ月間。瓶熟成は最低4ヵ月間。

標高　　：370m
方位　　：南
仕立て方：ペルゴラ・トレンティーノ
植樹期　：1991年
植栽密度：1,200本 / ha
収量　　：8.5t / ha

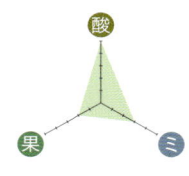

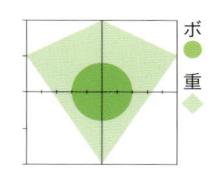

🍷 ワイン解説

　北部ピエモンテの山間にひっそりと息づいているエルバルーチェ。この産地の特徴は土壌にある。南東から北西に長さ21kmに及ぶモレーン土壌の丘陵が連なっている。この高さ500mにも及ぶ巨大な壁は、氷河によって運ばれた土壌ででき上がった。スケールが大きく、圧倒される迫力だ。当然、ワインはモレーン土壌らしい、柔和なミネラル感と、軽やかで華やいだ香りがある。
　スズラン、サフラン、若葉、セルフィーユなど、みずみずしく可憐な香り。輪郭のはっきりとした、すっきりとした酸が背後を支え、前面には繊細なディテールが広がっている。清涼感と透明感を保つスレンダーな肢体は、どことなく冷やかだが、どことなく温かい。

🍴 料理との相性

透明感のある酸味からヒラメのカルパッチョ、クラゲとキュウリのサラダ。ハーブ系の香りから木の芽の天ぷら、タケノコ焼き 山椒風味。華やかな香りからトムヤンクンスープ。繊細な食材を使い、軽い調理法でシンプルに仕上げる。
★★★

❶ ブラン・デ・モルジェ・エ・デ・ラ・サッレ "レイヨン" 白

Blanc de Morgex et de la Salle "RAYON"

モルジェ・エ・デ・ラ・サッレ Cave du Vin Blanc de Morgex et de la Salle

土壌	：砂質、モレーン
品種	：ブラン・デ・モルジェ
醸造方法	：発酵はステンレスタンク、熟成もステンレスタンクで8ヵ月間、瓶熟成は最低3ヵ月間。

標高	：900〜1250m
方位	：東から西
仕立て方	：ペルゴラ・バッソ
植樹期	：1972〜1982年
植栽密度	：7,000本 / ha
収量	：9.0t / ha

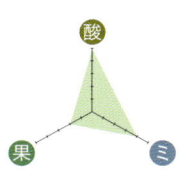

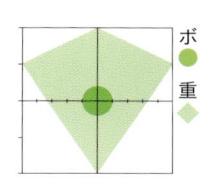

ワイン解説

アルプス山脈の裾野に広がる、ヨーロッパで最も標高の高いブドウ産地。背後に迫るビアンコ山からは冷たい風が流れてくる。まず最初に純度の高い、透明感のある、抜けのいい酸を感じる。この酸から標高の高い、涼しい畑だとわかるはずだ。

緑がかった乾いた麦わら色に、レモン、グレープフルーツなどのフレッシュな柑橘系の香りが口腔いっぱいに広がり、感触はさらりとした軽い肌ざわり。モレーンと砂質土壌の影響から、伸びやかな酸、品のよいなめらかさなど、軽やかで広がりのある世界をつくる。

そしてすらりとした、腰が高いスレンダーな肢体が明らかになる。流れるような余韻の戻り香にオレンジの皮が感じられる。繊細なディテールで織り上げられた、美しいタペストリーのようだ。

料理との相性

アルコール度数が低く、軽やかな味わいからキスの天ぷら、白子ポン酢。落ち着いたミネラル感からアサリのスパゲティ。果実のほんのりとした甘さを生かして鯛とカブの白ワイン蒸し。酸味と軽さのバランスを考えた料理がよい。

★★★

ヴァッレ・ダオスタ州　129

62 バルベーラ・ダスティ・スペリオーレ "ブリッコ・ダーニ"

Barbera d'Asti Superiore "BRICCO DANI"

ヴィッラ・ジャーダ　Villa Giada Agricola

赤

土壌　　：粘土質、石灰質
品種　　：バルベーラ
醸造方法：発酵はステンレスタンク、熟成を木樽
　　　　　（300l）で18〜20ヵ月間。瓶熟成は
　　　　　最低12ヵ月間。

標高　　：300m
方位　　：南東
仕立て方：垣根式（グイヨ）
植樹期　：1972〜1977年
植栽密度：5,000本 / ha
収量　　：5.0t / ha

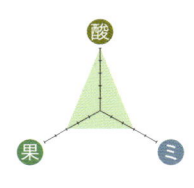

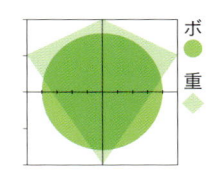

🍷 ワイン解説

　アルバよりもやや北側に位置するバルベーラの産地は、ゆるやかな丘陵地帯にある。テッラ・ロッサと呼ばれる、鉄分やマグネシウムを多く含むこの褐色土壌には、タンニンの少ないバルベーラが適している。なぜなら、これらの成分がタンニンの代用となり、ボディの骨格や厚みを補ってくれるからだ。

　かなり濃いルビー色でブルーベリー、プラム、カシスなどの、色調から想像できる香りがはっきりと現れている。アタックは強いが、非常になめらかな質感で、果実味と酸のバランスに優れている。通常、この品種の酸はかなりアグレッシブだが、アルバなど他の地域に比べ、この地域では、熟成後に酸度が落ちる。また、古木になればなるほど均整のとれた味わいになる。

🍴 料理との相性

なめらかさから豚バラの煮込み、酢豚。香りの印象から四川風麻婆豆腐、豚肉のプラム煮。厚みを合わせてスペアリブの豆豉蒸し。バランスのよさからキンキの煮付け。適度な重さと油脂が加わった、つややかな料理。　★

ピエモンテ州

❸ バルバレスコ
Barbaresco
カステッロ・ディ・ネイヴェ Castello di Neive

赤

土壌　　：石灰質、粘土質、砂質
品種　　：ネッビオーロ
醸造方法：発酵はステンレスタンク、熟成をステンレスタンクで6ヵ月間、その後、大樽で(35hl)で12ヵ月間。瓶熟成は最低6ヵ月間。

標高　　：280m
方位　　：南
仕立て方：垣根式(グイヨ)
植樹期　：1982年
植栽密度：3,500本 / ha
収量　　：7.0t / ha

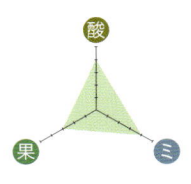

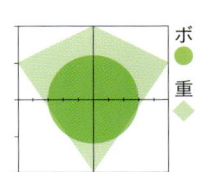

🍷 ワイン解説

バルバレスコが造られる村は3つある。その中のネイヴェは南東に向かって標高が高くなり、気候も涼しくなる。反対にターナロ川に近づくとゆるやかな勾配の畑が続く。土壌は3つの村に共通しているが、粘土質、砂質、石灰質の混合で、それぞれの単一畑の中でさえ、土壌構成に違いがある。ここの畑の傾向は白っぽい粘土質が多く、固くしっかりとした土壌。

野イチゴ、ザクロ、日陰の湿った土、ポルチーニ茸、濡れた木炭などのしっとりとした香り。ボディは薄めで冷たい酸があり、タンニンは強固でミネラリックな味わい。がっちりとした構成力があるが、重心が高いため、どっしりとした印象は受けない。ミッドから押し寄せる、強大なタンニンが口腔を埋め尽くし、溢れんばかりに暴れる。しかし、余韻は潮が引けるように静かに終わる。

🍴 料理との相性

かっちりとした構成からスモークしたカチョカヴァッロ、サーモンフライ 粒マスタードソースがけ。スパイス的な香りからマグロのあぶり焼き ヴィネガーソース。料理にはインパクトが必要だが、タイトな味わいになるようにすっきりと仕上げる。　★★

ピエモンテ州

❻❹ バルバレスコ
Barbaresco
プルデュットーリ・デル・バルバレスコ Produttori del Barbaresco

土壌　　：石灰質、砂質、粘土質
品種　　：ネッビオーロ
醸造方法：発酵はステンレスタンク、熟成を木樽
　　　　　で22ヵ月間。瓶熟成は最低6ヵ月間。

標高　　：200～400m
方位　　：南、南西
仕立て方：垣根式(グイヨ)
植樹期　：1990～2002年
植栽密度：3,500本 / ha
収量　　：7.0t / ha

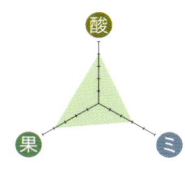

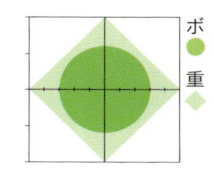

ワイン解説

バルバレスコとバローロとの違いはなんだろう。地勢的な違いはそれぞれの村々にあるが、どちらも同じネッビオーロを使い、伝統的には大樽で熟成する。大きな栽培環境の違いは、バレバレスコの産地の北西側にはターナロ川が流れていることだ。河川近くの土壌は砂質土壌の比率が高く、川はおだやかな気温調節を行なう。ワインはやわらかく、しなやかになり、香りは華やかで開いている。

このような川の影響や土壌などの環境の違いから、それぞれのワインのキャラクターが形づくられる。バローロが男性的でバルバレスコが女性的と言われる所以はここにある。

このワインはフローラルな香りに動物的な香りが加わり、全体的にバランスのとれた味わい。スケール感がバローロよりもひとまわり小さいが、抑制の効いた、芯のしっかりとした風格のあるワイン。

料理との相性

細やかでデリケートなタンニンからタルタルステーキ ピエモンテ風。酸味と適度なボディの厚みから仔牛の脳のフリット、仔羊のカツレツ。バランスのよさと親しみやすさから牛肉の赤ワイン煮込みブルゴーニュ風。適度なボリューム感と複雑性のある料理がいい。　★★

❻ バルバレスコ "リッツィ"
Barbaresco "RIZZI"

リッツィ Rizzi

赤

土壌　　：石灰質、粘土質、砂質
品種　　：ネッビオーロ
醸造方法：発酵はステンレスタンク、熟成を大樽
　　　　　（50hl）で12〜15ヵ月間、その後に
　　　　　セメントタンクとステンレスタンクで
　　　　　12ヵ月間。瓶熟成は最低36ヵ月間。

標高　　：220〜310m
方位　　：南、南西
仕立て方：垣根式（グイヨ）
植樹期　：1870年
植栽密度：3,800〜4,400本/ha
収量　　：7.0t/ha

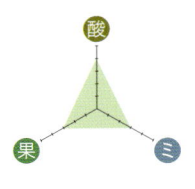

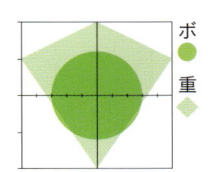

🍷 ワイン解説

　トレイーゾはバルバレスコを造る3つの村の中でも南に位置し、南西からゆるやかな風が一日中吹き込んでいる。標高は高めで、他のふたつの村に比べると全体的に涼しい気候。土壌はゆるめで軽い。
　サクランボのリキュール漬け、湿った森の土、カカオ、鉄くぎ、ヨード、鉛筆の芯などのゆったりとした香り。アタックは柔和で自然に入り込み、徐々にしっかりとした酸味が感じられる。中盤からは熟れた果実味が現れ、追随するように塩味の輪郭をとらえる。グリップは薄く、構成力も弱めで、骨っぽさというよりも、やわらかな真綿に包まれるような感じ。熟したタンニンは甘く、細やか。ボディに溶け込んだタンニンには意外なほどなめらかな質感があり、絶妙なバランスをとっている。他の村に比べて温かさのある、やわらかな味わい。

🍴 料理との相性

ゆったりとした味わいからタラのチゲ鍋、サーモンのグリル クランベリーソース、肉団子の甘酢がけ。塩っぽさから牛ヒレ肉のラルド巻きグリル。温かな味わいからカステルマーニョを使ったトリッパグラタン。素材と調理法が溶け込んだ重めの料理。　★

ピエモンテ州

バローロ
〜上質な酸味で深みのある、秘めた華やかさ〜

　アフリカ造山運動によってアルプス山脈とアペニン山脈の両山脈が接近し、強い圧力がかかった。そして、このふたつの山脈の間が沈み込んで海となり、その後、時代を経て、土地が隆起した。その土地の一部がバローロの産地である。そのため、土壌からは貝殻などの海の堆積物が見つかる。ふたつの山脈によってバローロの産地は海から隔離され、南西には大きな壁ができた。バローロの南東部は風化、侵食により削られ、古い地層が現れた。地質時代では第三紀、中新世の中期にあたるランギアーノ（一千四百万年前）の地層で、この地層の地域はセッラルンガ・ダルバ、モンフォルテ・ダルバ、カスティリオーネ・ファレットの約2/3、バローロの約1/2になる。

　風化、侵食が起こらなかった土地の地質時代は、ランギアーノより新しい中新世の後期にあたるトルトニアーノ（一千万年前）の土壌になる。ここはラ・モッラ、ヴェルデューノ、ノヴェッロ、バローロの約1/2、カスティリオーネ・ファレットの約1/3になる。主な地質年代による土壌の違いはランギアーノは粘土質と石灰質、トルトニアーノは砂質になる。

　栽培環境はそれぞれの村で違うが、全体的な地勢で考えてみると、地形的に南西に高い山があるため、産地に吹き込む海風は地中海から回り込み、その風は南東方面にわずかに届くだけだ。風が届くのは標高が高いモンフォルテ・ダルバとセッラルンガ・ダルバの東側になる。そして、この地において最も重要だと思われる条件は日照量である。ここが涼しい気候の産地であり、また、バローロの品種であるネッビオーロは、日照量が少なければ完熟できず、硬いタンニン、アグレッシブな酸、青い果実味、やせたボディのワインになってしまう。となると、勾配や地形にもよるが、畑は南向き、または南西向きがいい。余談だが、西側や北側の日照量の少ない畑には伝統的に早熟なドルチェットが植えられてきた。

　では、ここで簡単に村ごとにワインの解説をしていこう。ヴェルデューノは石灰質の比率が多く、ワインには涼しさがあり、軽やかでタイトな味わいですっきりとした伸びがある。バローロは適度な広がりのある香り、タンニンは熟して甘め、バランス感覚に優れ、わかりやすい味わい。暑い年はリスクが多いが、ヴィンテージのムラは少なく安定している。カスティリオーネ・ファレットは熟れた果実味が多く、エッジがゆるく、やわらかな感触。酸は適度にあり、多めのタンニンは冷たくてソフト、構成力はやや弱めだが、エレガント。落ち着いた味わいやゆったり感はバローロに似ている。ラ・モッラは明るく、躍動感がある。香りには動物香が少なく、軽めのタンニンには甘さがなく、涼しさ

があり、薄めのボディと一体化したトータル的な複雑性をもっている。はっきりとしたコントラストがあり、鮮やかさもある。モンフォルテ・ダルバはしっかりとした強さがあり、特徴としては筋肉質的ながっちりとしたボディで中央に寄っている強い構成力。香りのバリエーションが多く、新鮮な果実やハーブの香りもある。セッラルンガはアグレッシブな強さと強固な骨組み。グリップが厚く、固いタンニンが多く、ミネラリーな味わい。パワーがあり、太く硬い骨格がはっきりと現れている。

　総体的にバローロは、強い構成力と上質なタンニンがあり、グリップが厚い。また、細やかなディテールがあり、流れがドラマティックに展開し、全体的にスケール感がある。

ヴェルデューノ Verduno
ロッディ Roddi
グリンザーネ・カヴール Grinzane Cavour
ケラスコ Cherasco
ラ・モッラ la Morra ⑱
ディアーノ・ダルバ Dinano d'Alba
カスティリオーネ・ファレット Castiglione Falletto ⑳
セッラルンガ・ダルバ Serralunga d'Alba ⑲
バローロ Barolo ⑯
ノヴェッロ Novello
モンフォルテ・ダルバ Monforte d'Alba ⑰

⓺ バローロ・リステ
Barolo Liste
ボルゴーニョ Borgogno

赤

土壌　　　：粘土質、石灰質
品種　　　：ネッビオーロ
醸造方法：発酵はステンレスタンク、熟成は大樽
　　　　　（20hl）で40ヵ月間。瓶熟成は最低6
　　　　　ヵ月間。

標高　　　：300m
方位　　　：南
仕立て方：垣根式（グイヨ）
植樹期　　：1970～1980年
植栽密度：4,000本 / ha
収量　　　：7.0t / ha

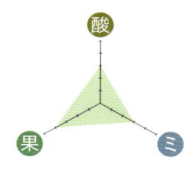

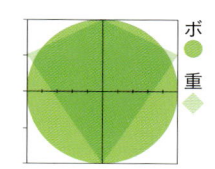

🍷 ワイン解説

バローロ村の北東部にあるリステは、バローロの中でも力強いワインができる畑だ。黒スグリ、ミルトリキュール、ブルーベリーなどの小果実系の香り。丁字、インク、ヘーゼルナッツなどのシャープな香りもある。そして、熟成によって腐葉土、馬小屋、なめし皮のような香りが現れる。

味わいの基本は果実的なニュアンスにあり、酸はほどよく、タンニンも適度にこなれ、若いうちからバランスがとれている。しかし、上質なタンニンの存在感は絶大で、余韻に向かうほどグイグイと表に現れ、自らを誇示する。さすが、バローロといったところ、恐れ入った。基礎を成している骨組みは安定しており、熟成に耐えうる、がっちりとした構造だ。飲み頃が長く、熟成したワインを段階的に楽しめる。

🍴 料理との相性

バランスのよさから仔鴨のシヴェ、ジビエのパテ。スパイス的な香りからツグミの香草オーブン焼き、黒酢と八角の牛肩ロース煮。重厚感からブシェル（仔牛モツのパイ焼き）。密度のある赤身肉を使い、複雑な調理法で繊細に仕上げる料理。☆

ピエモンテ州

❻ バローロ "ペルクリスティーナ"
Barolo "PERCRISTINA"
ドメニコ・クレリコ　Domenico Clerico Azienda Agricola

赤

土壌　　：粘土質、石灰質、砂質
品種　　：ネッビオーロ
醸造方法：発酵はステンレスタンク、熟成は木樽
　　　　　（225l）で36ヵ月間。

標高　　：350m
方位　　：南
仕立て方：垣根式（グイヨ）
植樹期　：1960年
植栽密度：5,500本 / ha
収量　　：4.0〜4.5t / ha

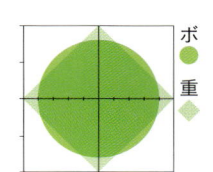

🍷 ワイン解説

モンフォルテ・ダルバの南側にある畑は標高が高いため、涼しい風が吹き抜ける。土壌はセッラルンガ・ダルバとよく似ているが、石灰質が多めで白っぽく、表土には砂質が混ざっている。

石灰質らしい抜けのいい酸で骨格も細めだが、しっかりとした構成力があり、均整のとれた味わい。ゆえにバリック樽との相性もいい。この樽を使うことにより、土地の個性である輪郭のエッジがさらに強調される。

この村の特徴でもある豊かで多彩な香りが広がる。黒胡椒、丁字、甘草などのスパイス系。ブラックベリー、黒プラムなどの果実系。そして墨っぽい香りや、熟成してくるとキノコ類、湿った森の香りが現れる。バローロらしい力強さはもちろんあるが、美しく繊細な側面も忘れていない。

🍴 料理との相性

香りを生かして仔羊の香草焼き、牡蠣の味噌漬け。バランスのよさからタルタルステーキ ピエモンテ風。しなやかな味わいから牛タンのデミグラスシチュー。しっかりとした素材をやわらかなニュアンスの料理に仕上げる。　☆

ピエモンテ州

68 バローロ・ブルナーテ
Barolo Brunate
オッデロ Oddero Poderi e Cantine

赤

土壌　　：粘土質、石灰質
品種　　：ネッビオーロ
醸造方法：発酵はステンレスタンク、熟成は大樽
　　　　　（20hl）で30ヵ月間。瓶熟成は12ヵ
　　　　　月間。

標高　　：400m
方位　　：南
仕立て方：垣根式（グイヨ）
植樹期　：1950年
植栽密度：4,500本 / ha
収量　　：5.0t / ha

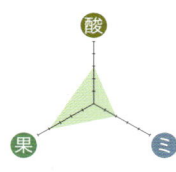

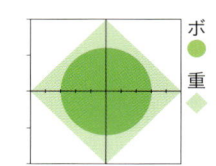

🍷 ワイン解説

　小高い丘の斜面に扇を広げたように畑が広がるラ・モッラ。ここは冬期に雪が降り積もり、春先にこの雪がゆっくりと解け、地中に水分が浸透する。この水分は保水性のよい粘土質土壌に蓄えられ、ブドウの生育に重要な役目を果たす。

　ネッビオーロはデリケートな品種のため、日光がよく当たり、適度の水分がなければ、成長が止まってしまう。この村の地形は勾配がゆるやかで一日の日照時間がとても長いので、完熟したブドウからは、充分な糖分と熟したタンニンが得られる。

　ゆったりとした酸味に豊かな果実味を感じるだろう。なで肩でややふっくらとしたボディからは開放的な明るさが伝わってくる。ワインには黒スグリ、ラズベリーなどの果実の香りにフローラルな香りが加わる。誰にでも好まれる、親しみやすいバローロといえる。

🍴 料理との相性

おだやかな味わいから仔牛ホホ肉の煮込み。厚みのあるボディ感からトリッパのオーブン焼き。やわらかな感触からローストビーフ。熟れたタンニンからニジマスのムニエル 粒マスタードソース。バランスのとれた触感のやわらかな料理。★

㊹ バローロ・セッラルンガ
Barolo Serralunga
エットーレ・ジェルマーノ Ettore Germano

赤

土壌　　：粘土質、石灰質
品種　　：ネッビオーロ
醸造方法：発酵はステンレスタンク、熟成を木樽
　　　　　（700l）で24ヵ月間。瓶熟成は最低12
　　　　　ヵ月間。

標高　　：350〜380m
方位　　：南東
仕立て方：垣根式（グイヨ）
植樹期　：1987〜1997年
植栽密度：5,000本 / ha
収量　　：7.5t / ha

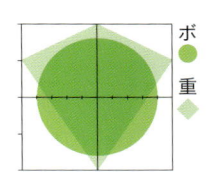

🍷 ワイン解説

　セッラルンガ・ダルバの3つのクリュ畑のブドウをブレンドして造るワイン。口腔に入れた瞬間、強いアタックを感じ、グリップもしっかりと厚く、バローロが男性的と称される所以をこのワインから感じとれる。バローロの村々の中でも、この村のワインはとりわけ酸度が高く、硬く閉じており、長期熟成しなければ飲み頃に達しないワインが多い。

　黒胡椒、ローズマリー、鉄、生肉、甘草、ナツメグなどのかっちりとした香りがある。少しずつ香りが開きだすと、フローラルな香りが現れ、暖かな年のワインには果実系の香りが多く感じられる。組み上がった美しい骨組みに上質なタンニンが張りつき、がっちりとした強固な構造を作る。この崩れない構造力こそが、イタリアワインを代表する王者の風格と威厳といえるだろう。

🍴 料理との相性

複雑性から山ウズラのロティ、リードヴォーと腎臓のフリカッセ。落ち着いた香りからビーフストロガノフ。密度感から仔牛の脳みそのムニエル。スパイス的な香りから鹿肉のロースト 夏トリュフがけ。重厚な素材を使い、複雑な調理法を選ぶ。　☆

ピエモンテ州　139

70 バローロ "ブリッコ・ボスキス"
Barolo "BRICCO BOSCHIS"
カヴァロット　Cavallotto

赤

土壌	：粘土質、石灰質
品種	：ネッビオーロ
醸造方法	：発酵はステンレスタンク、熟成を大樽（20～100hl）で36ヵ月間。瓶熟成は最低6ヵ月間。

標高	：220～340m
方位	：南東から南西
仕立て方	：垣根式（グイヨ）
植樹期	：1967年
植栽密度	：4,800～5,000本 / ha
収量	：6.5t / ha

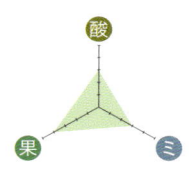

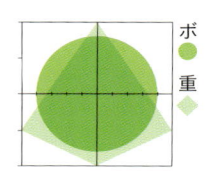

ワイン解説

　バローロの産地の中で、ほぼ中央に位置するカスティリオーネ・ファレット。この村の栽培環境はバラエティーに富んでいる。この村はふたつの地質時代に分かれているが、ここは中新世中期のランギアーノに形成された土壌で粘土質と石灰質が主で、中でも粘土質比率の高いところになる。この畑は、南側に開けている斜面にある。

　プラム、アメリカンチェリー、黒イチジクなどのたっぷりとした果実の香りがあり、味わいには粘土質らしい重さと凝縮感がある。グリップはやや薄めで全体にゆったりと流れ、静かな印象を与えている。そして、余韻までもがゆるやかで、自然に消えていく。硬めのタンニンはバローロらしい強さを感じるが、どことなくおとなしく、そして、厳（おごそ）かな雰囲気が漂っている。

料理との相性

適度な重さと密度感からレバーのフリット。おだやかな味わいから仔羊のナヴァラン。タンニンの質から鹿肉の黒胡椒炒め。果実味的なイメージからバッカラのドライトマトソース。バランス感覚のある、複雑な要素で構成された料理。　★

140　ピエモンテ州

⓫ ドルチェット・ディ・ドリアーニ "サン・ルイジ"
Dolcetto di Dogliani "SAN LUIJI"
ペッケニーノ　Pecchenino

赤

土壌	：粘土質、石灰質
品種	：ドルチェット
醸造方法	：発酵はステンレスタンク、熟成もステンレスタンクで6ヵ月間。瓶熟成は最低1ヵ月間。

標高	：380〜420m
方位	：南東、南、南西
仕立て方	：垣根式（グイヨ）
植樹期	：1988〜2002年
植栽密度	：5,500本 / ha
収量	：6.0t / ha

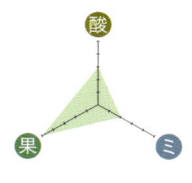

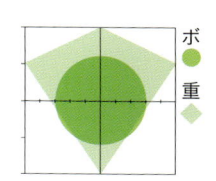

🍷 ワイン解説

　アルバの南に位置するドリアーニは、標高200m前後のゆるやかな丘陵地帯。その中央にレーアー川が流れている。この川の北側は石灰質と粘土質、南側は粘土質で、いずれにしても粘土質の割合が高い。ここは周りに比べてやや標高が低く、強い風が吹いてこないため、気温は安定し、寒暖差も小さい。

　ワインはゆったりとした、おおらかな味わい。そして粘土質比率が高いため、果実味豊かな、ぽっちゃりとしたキャラクターになる。総体的にドリアーニのワインの特徴は、神経質でギスギスしたところがなく、温かみがある。

　ブルーベリー、マラスキーノチェリーなどの新鮮な果実や、赤や紫のフローラルな香り。アタックもやわらかく、おだやかな酸とシンプルな味わいがチャーミングで、重心は高く、とても軽い。フレッシュ感を楽しむワインとしておすすめできる。

🍴 料理との相性

広がりのある香りからラザーニャ、タヤリンの黒トリュフがけ。フレッシュ感からカプレーゼ。やわらかな味わいから冷しゃぶ 黒ごまソース。白身肉や野菜を使い、しっかりとしたソースや味つけを加える。　★★★

ピエモンテ州

12 コッリ・トルトネージ・ティモラッソ "イル・モンティーノ"

Colli Tortonesi Timorasso "IL MONTINO"

コロンベーラ La Colombera

白

土壌　　：粘土質
品種　　：ティモラッソ
醸造方法：発酵はステンレスタンク、熟成もステンレスタンクで9ヵ月間。瓶熟成は最低18ヵ月間。

標高　　：290m
方位　　：南東
仕立て方：垣根式（グイヨ）
植樹期　：1994年
植栽密度：4,500本 / ha
収量　　：5.0t / ha

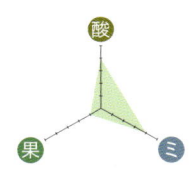

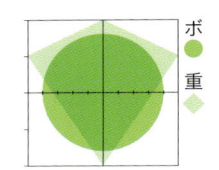

ワイン解説

ゆるやかな小高い丘に植えられたティモラッソ。この品種は近年、注目され、脚光を浴びている。栽培地域はとても狭く、神経質な品種ゆえに土地を選ぶ。とくに粘土質土壌との相性がよく、ワインにはグリセリンが多く、力強い味わい。

アスパラガス、プラスチック、白トリュフ、スズランなどの張りつめた、伸びやかな香りがあるが、果実的な香りがほとんどない。

ワインは、切れ味のいい包丁で切ったように非常になめらかである。しかもアルコールが高く、密度感もあり、ずっしりとしたヘビー級。ステンレスタンクで醸造したにも関わらず、重厚な味わいになるのは、このブドウならではといえるだろう。山のワインらしく、凛とした酸がバックヤードで支え、フロントの緻密なミネラルを強調している。

料理との相性

なめらかさからカボチャのラビオリ セージを使ったバターソース、トルテッリィのスープパスタ。密度感から帆立のソテー フォワグラ添え、牛スネ肉の煮込みミラノ風。重量感からサバの味噌煮。ワインと料理の、重さと密度を合わせる。
★★

⓭ ガヴィ "ラ・メイラーナ"
Gavi "LA MEIRANA"
ブローリア Azienda Agricola Broglia

白

土壌　　：粘土質、石灰質
品種　　：コルテーゼ
醸造方法：発酵はステンレスタンク、醸造もステンレスタンクで6ヵ月間。瓶熟成は最低2ヵ月間。

標高　　：290〜300m
方位　　：南東
仕立て方：垣根式（グイヨ）
植樹期　：1985〜1990年
植栽密度：4,400本 / ha
収量　　：9.0t / ha

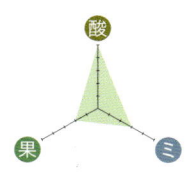

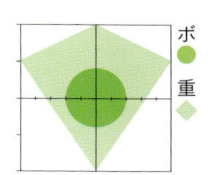

🍷 ワイン解説

　ガヴィはすっきりとした辛口の白ワインとして知られている。ゆるやかな丘陵が続き、森林の多いこの産地でのみ栽培されているコルテーゼ種は、ガヴィのための品種といえる。

　ディル、フェンネルなどの淡い色調、清涼感のあるハーブの香り、ライムの皮のようなシャープな酸味、青リンゴや若草の初々しさ。どの香りにもデリケートでガラスのような繊細さがあり、また、女性的なしなやかさも兼ね備えている。とはいえ、ゆるさがなく、品種本来の細身で凛とした酸が全体を支える。エッジのかかった鋭さと、壊れそうなくらいセンシティブな、相反する魅力が共存している。淡々と湧き水が溢れるように広がり、静かに引けていくさまは山水画のようだ。

🍴 料理との相性

後味に細やかな酸味を感じ、やわらかなニュアンスもあるので、豚ロースにプラムやブドウを加えて煮込んだ料理。デリケートさと若葉の香りから鮎の塩焼き、スズキの香草蒸し。香りを生かした動物性油脂の少ない、軽めの料理。　★★

ピエモンテ州　143

74 ロッセーゼ・ディ・ドルチェアクア
Rossese di Dolceacqua

テッレ・ビアンケ Terre Bianche

赤

土壌	：砂質、粘土質
品種	：ロッセーゼ
醸造方法	：発酵はステンレスタンク、熟成もステンレスタンクで4ヵ月間。

標高	：350〜400m
方位	：東
仕立て方	：アルベレッロ、垣根式(コルドーネ・スペロナート、グイヨ)
植樹期	：1952〜2002年
植栽密度	：8,000本 / ha
収量	：7.0t / ha

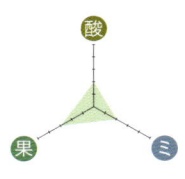

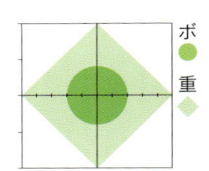

ワイン解説

海岸からわずか10kmにあるこの産地は、アルプス山脈からもわずかな距離で海と山の両方が迫っている。イタリアの地形でこのように海岸と山岳が隣接しているところは、この地域以外では、フリウリの東部、カラブリアの西部にあるだけだ。

標高400mの畑からは地中海が一望できる。ここは海に面しているにも関わらず、寒暖差が激しいのが特徴。ワインのおおらかさ、温かさは海のワインらしいキャラクターとも言えるが、ラズベリーやクランベリーなどの小さな赤い果実香や、繊細でデリケートな性格は山のワインならではの特徴が現れている。

色調が淡く、貝殻の化石が埋まっている土壌から由来したと思われる塩味、落ち着いた酸味など、素朴でいて洗練された味わい。

料理との相性

旨味からタコとオリーヴのトマト煮込み。細やかな味わいから卵白と蟹の炒め物 アスパラガスのムース。厚みのある味わいから帆立のフライ。深みのある塩味からキチジの煮付け。素材が軽めな和食に合う。 ★★

リグーリア州

75 オルトレポ・パヴェーゼ・ボナルダ "ギーロ・ロッソ・ディンヴェルノ"

Oltrepo' Pavese Bonarda "GHIRO ROSSO D'INVERNO"

マルティルデ Azienda Agricola Martilde

赤

土壌	：石灰質、粘土質
品種	：クロアティーナ
醸造方法	：発酵はステンレスタンク、熟成を木樽（225l）で24ヵ月間。瓶熟成は最低24ヵ月間。

標高	：200m
方位	：南
仕立て方	：垣根式（グイヨ）
植樹期	：1980年
植栽密度	：3,500本 / ha
収量	：4.0t / ha

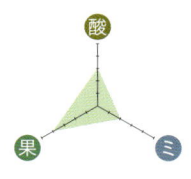

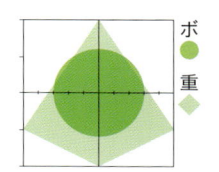

ワイン解説

アペニン山脈の北側に位置するオルトレポ・パヴェーゼ。ここには南側の山岳から冷たい風が吹き降りる。セミアロマティックな品種のクロアティーナはこの冷やかな風によって、より一層、鮮明でフレッシュな香りが現れる。

味わいの主軸になっている深々としたミネラルに、マラスキーノチェリー、ブラックベリーなどの森の黒い果実、鉄くぎ、ヨードなどのかっちりとした香りが交差する。濃く、深いルビー色がとても印象的で、やわらかな酸とともに鮮やかに写し出される。プラムの果皮を噛んだような直接的な感覚を覚え、その奥にはごついタンニンが潜んでいる。その膨大なタンニンは口腔で暴れながら、濃密な果実味と一緒に舌の上に感触を残して消えていく。

料理との相性

新鮮な果実味から赤や黄ピーマンのマリネ ミント風味、生ハムとイチジク。適度なボディの厚みから鳩を詰めた型抜きリゾット、ミラノ風カツレツ。わかりやすい味わいから甘辛い鶏の手羽先揚げ。素材を生かしたパワーがある料理。 ★★

ロンバルディア州　145

76 ランブルスコ・ディ・ソルバーラ "ラディチェ"
Lambrusco di Sorbara "LADICE"

パルトリニエーリ・ジャンフランコ　Azienda Agricola Paltrinieri Gianfranco

土壌	: 砂質、粘土質
品種	: ランブルスコ・ディ・ソルバーラ
醸造方法	: 発酵はステンレスタンク、残糖分が10g/lになった段階で瓶詰めし、瓶内に残った糖分によって自然発酵が進み、弱発泡性(2.5気圧)の辛口ワインになる。

標高	: 0m
方位	: 全方位
仕立て方	: ジェノヴァ・ドッピオ・カーテン
植樹期	: 1990〜2002年
植栽密度	: 2,000本 / ha
収量	: 14.0t / ha

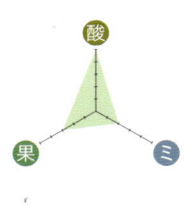

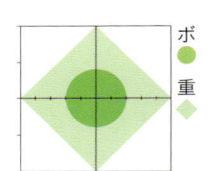

ワイン解説

モデナ中央部に広がるソルバーラの産地。その中でも、このクリスト畑は西のセッキア川と東のパーナロ川によって運ばれ、堆積した土壌である。ソルバーラは結実が悪い品種で果粒がまばらに実り、小粒のものが多く、酸度が高い。また、果皮が薄いため、ポリフェノールも少なめ。サクラ色の色調にすっきりとした、伸びやかな酸が映える。

ザクロ、野イチゴ、ニオイスミレ、ネクタリン、カシスなどの優雅な香り。川によって運ばれた砂質でできた土壌のため、ワインには華やかで豊かな香りが生まれる。さらにおだやかな気温調節をしてくれる川の影響で、センシティブなこの品種もストレスなく生育する。輝きのある気泡に透けるような酸が絡み、気品を醸し出す。

料理との相性

発泡性と酸味からミートソースのスパゲティ、鶏の唐揚げ、豚足のレンズ豆煮込み。デリケートなイメージから馬肉のカルパッチョ。アロマティックな香りから大正海老の卵白炒め、ピータン豆腐。重くならない料理であれば、かなり万能に料理合わせができる。　★★★

エミリア＝ロマーニャ州

⓫ ランブルスコ・グラスパロッサ・ディ・カステルヴェートロ "モノヴィティーニョ"
Lambrusco Grasparossa di Castelvetro "MONOVITIGNO"
モレット　Fattoria Moretto

土壌	：石灰質、粘土質
品種	：ランブルスコ・グラスパロッサ
醸造方法	：発酵はステンレスタンク、熟成を密閉式ステンレスタンクで2〜3ヵ月間。瓶熟成は最低3ヵ月間。

標高	：200m
方位	：南東
仕立て方	：垣根式（コルドーネ・スペロナート）
植樹期	：1969年
植栽密度	：3,300本 / ha
収量	：6.0〜7.0t / ha

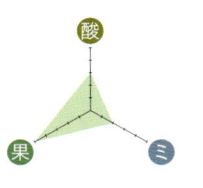

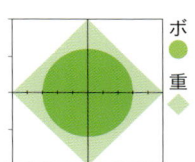

🍷 ワイン解説

　モデナの南部にランブルスコ・グラスパロッサの栽培地域がある。ここはゆるやかな勾配がアペニン山脈の裾野へと続いており、山からは冷たい風が降りてくる。紫が入った濃いルビー色は弱発泡性の気泡までをも鮮やかな色彩に染めてしまう。香りにはブルーベリー、マラスキーノチェリー、ミルトリキュール、カシスなどの赤や黒の果肉のフルーツがいっぱいだ。

　グラスの奥底からはフローラルなアロマが立ち上ってくる。香りと抜けのいい酸が一体となり、タンニンと一緒に気泡が踊る。香りも、味わいも、酸味も果実味に溢れ、すべてがフレッシュで生き生きとした、快活な印象。厚みのあるボディ感は、一般に知られる薄く、さらりとしたランブルスコとは違い、非常にリッチでなめらかで分厚い。

🍴 料理との相性

新鮮な味わいからレバ刺し。フレッシュ感からトマトとバジリコのカッペリーニ。酸味と厚みのあるボディから牛タンの煮込み、豚足のソーセージ詰め、牛スペアリブの照り焼き。タンニンと絡んでジンギスカン。動物性油脂の多い素材や、香りに個性のあるものがいい。
★★

エミリア＝ロマーニャ州

アルバーナ・ディ・ロマーニャ・セッコ "アー・エッセ"
Albana di Romagna Secco "AS"

ゼルビーナ　Fattoria Zerbina

白

土壌　　：粘土質
品種　　：アルバーナ
醸造方法：発酵はステンレスタンクとセメントタンク、熟成をセメントタンクで6ヵ月間。瓶熟成は最低2ヵ月間。

標高　　：100m
方位　　：南西
仕立て方：垣根式（グイヨ）
植樹期　：2006年
植栽密度：5,000本 / ha
収量　　：9.0t / ha

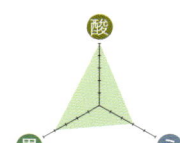

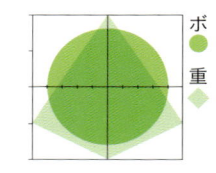

ワイン解説

畑は森に囲まれた小高い丘陵にある。タンニンが多く、酸度が高いアルバーナ種からは、通常、甘口ワインが造られる。しかし、このアルバーナから造る辛口ワインは、木樽を使用しないにも関わらず、自らのタンニンのおかげで自然な厚みのボディを形成する。

ライム、白スグリ、レモンなどのすっきりとした柑橘系。白胡椒、レモングラス、カルダモンなどのシャープなスパイス系が芳香する。伸びやかな酸は驚くほど力強く、ワインの基礎を成している。吸い込まれそうなほどアグレッシブな酸にタンニンの苦みが重なってくる。余韻までこのほろ苦さとシャープな酸が続き、厳格さと垂直性のある酸味がエンディングまで支配する。

料理との相性

ストレートな酸を加える意味で舌平目のムニエル、甲イカのフリット。酸味を生かしたサルティンボッカ。苦みを同調させるため、鶏モモ肉のオーブン焼き ローズマリー風味。白身肉、素材に力のある野菜、魚介類などがよい。　★

エミリア＝ロマーニャ州

79 ヴェルナッチャ・ディ・サン・ジミニャーノ
Vernaccia di San Gimignano
ラストラ La Lastra

白

土壌　　：砂質、粘土質
品種　　：ヴェルナッチャ・ディ・サン・ジミニャーノ
醸造方法：発酵、熟成ともに木樽(225l)で合計12ヵ月間。瓶熟成は最低6ヵ月間。

標高　　：280〜320m
方位　　：南東、南西
仕立て方：垣根式(コルドーネ・スペロナート、グイヨ)
植樹期　：1972年
植栽密度：3,000本 / ha
収量　　：2.5〜3.0t / ha

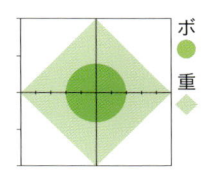

ワイン解説

富の象徴として中世に多くの塔が建ったサン・ジミニャーノ。トスカーナのワインは赤ワインばかりと思われているが、ここはトスカーナで唯一と言っていい白ワインの産地になる。ブドウ畑はサン・ジミニャーノの街を中心に、全方位へゆるやかに丘を下るように広がっている。やわらかな土壌からはたくさんの貝殻の化石が見つかる。

フリージア、エニシダなどのフローラル系や、サフラン、オレガノなどのスパイス系の香りが多い。ブドウにはタンニンが多く含まれ、ワインはミネラリックで中適度の熟成ができ、熟成したワインには火打石的な香りがあり、これが塩味と絡んでボディの厚みが増す。粘性は低いが、上質な酸味が全体の流れを作り、整然としたバランスがある。

料理との相性

存在感のある酸味からアジの南蛮漬け。適度なボディ感からアワビの酒蒸し、インゲン豆のパスタ、トリッパのパン粉焼き、赤と黄ピーマンのマリネ ミント風味。幅広い料理に合うが、粘性の高い、バターなどの乳製品は避けたい。　★★

トスカーナ州

⑧ カルミニャーノ "サンタ・クリスティーナ・イン・ピッリ"

Carmignano "SANTA CRISTINA IN PILLI"

アンブラ Fattoria Ambra

赤

土壌 ：石灰質
品種 ：サンジョヴェーゼ、カナイオーロ・ネーロ、カベルネ・ソーヴィニヨン
醸造方法：発酵はステンレスタンク、熟成は大樽(5,25hl)で12ヵ月間。

標高 ：100m
方位 ：東、南東
仕立て方：垣根式(コルドーネ・スペロナート、グイヨ)
植樹期 ：1997～2001年
植栽密度：3,300～5,000本/ha
収量 ：5.0t/ha

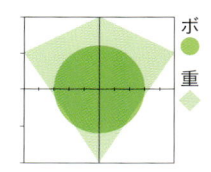

🍷 ワイン解説

フィレンツェの北部にある冷涼な産地。トスカーナといえばサンジョヴェーゼ種だが、ここではカベルネ・ソーヴィニヨンのブレンドが義務づけられている。カベルネはボディに厚みをもたせ、骨格を際立たせる。肩幅がくっきりと現れていて、ボディの厚みもいいバランスだ。そして石灰質独特の冷やかな感触が感じとれる。

シャープな肢体が、黒胡椒、甘草、ローズマリー、墨汁などのかっちりとした硬質な香りに包まれ、山のワインらしいクールな表情に変わる。ミッドからも揺るぎなく安定した流れが続き、タンニンが炭っぽい後香に重なるように余韻へと導く。様式美的な優雅さがあり、メディチ家ゆかりの産地であることを思い起こさせる。

🍴 料理との相性

整ったボディから仔山羊のロースト、ナマコとネギの煮込み。スモーキーさから北京ダック、鴨のロースト ハーブ風味。艶っぽさから牡蠣の豆豉炒め。個性的な素材を選び、シンプルに仕上げる。中国料理との相性がいい。　★★

⓼ キアンティ・ルッフィナ
Chianti Ruffina

フラスコレ Frascole

赤

土壌 ：粘土質、砂質
品種 ：サンジョヴェーゼ、カナイオーロ、コロリーノ
醸造方法：発酵はステンレスタンク、熟成は30％を大樽(30hl)、70％をセメントタンクで12ヵ月間。瓶熟成を6ヵ月間。

標高 ：400m
方位 ：南、南東
仕立て方：垣根式(コルドーネ・スペロナート)
植樹期 ：1997年
植栽密度：5,500本 / ha
収量 ：6.5t / ha

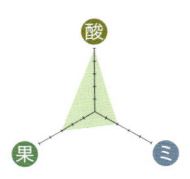

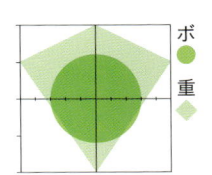

🍷 ワイン解説

フィレンツェの北東に位置するキアンティ・ルッフィナの産地は、森に囲まれた冷涼な土地。アペニン山脈の裾野に続いており、夜間には冷たい風が山から降りてくる。ブドウ畑は標高600mの高さまであり、土壌構成はシエーヴェ川の運搬作用により堆積した土壌をはじめ、多くのタイプが存在する。キアンティという名がついているが、他のキアンティと名前のつく地域とはまったく違う栽培環境になる。

フローラルな香りが多く、赤スグリ、野イチゴ、ラズベリーなどの森の小果実、どれもが清涼感のある香りで鮮明でフレッシュ。特徴的なのはスペアミント、ローリエなどのハーブ的な香りがあることだ。ハーブ系の香りに歩調を合わせるように伸びやかな酸が重なり、絶妙なバランスをとっている。

🍴 料理との相性

ハーブ系の香りからフレッシュトマトとバジリコの冷たいカッペリーニ、香味野菜とペコリーノのサラダ。美しい酸味からゴルゴンゾーラのクレープ、スケソウ鱈のピルピル、エンチラーダ・モーレ。重くならない調理法を選ぶ。　★★

トスカーナ州　151

キアンティ・クラッシコ
~際立った心地よい酸味と複雑な果実味~

　トスカーナのみならず、イタリアを代表するワインのひとつ。また、ここはサンジョヴェーゼの聖地ともいうべきところで、イタリアでサンジョヴェーゼが一番多く栽培されている。生産地域はフィレンツェ県とシエナ県のふたつの県に9つの地区がある。

　土壌は北のフィレンツェに近くなると粘土質を多く含むガレストロの比率が高くなり、南のシエナに近くなると石灰質を多く含むアルベレーゼの割合が増えていく。気候は東側のアペニン山脈に近づくと、森が多く、起伏の激しい地形で標高が高く、涼しい気候に変わり、西側に近づくとゆるやかな地形で標高が低くなり、温暖な気候になる。

　では、ここで簡単に地区ごとのワインを解説していこう。ラッダ・イン・キアンティはフローラルな香りが多く、豊かなアロマがある。デリケートな味わいで塩っぽいミネラルも感じられる。構成力があり、繊細で緻密な構造。重心が高めでスレンダーなボディ。ガイオーレ・イン・キアンティはカリッとしたミネラル感があり、果実以外にスパイスの香りがある。グリップが厚く、がっちりとしたボディで太めの骨で筋肉質。淡々とした冷やかさがあり、男性的な強さもある。カステッリーナ・イン・キアンティは豊かな果実味、鉄っぽいミネラル感、たっぷりとした厚みのある豊満な味わい。グレーヴェ・イン・キアンティはストレートな果実味があり、やわらかなアタック。おだやかな酸で親しみやすい味わい。グレーヴェ・イン・キアンティとカステッリーナ・イン・キアンティの中間に位置するパンツァーノ・イン・キアンティはやわらかなアタックで深みのある味わい。複雑な構成で透明度の高い酸と強い構成力。グリップが厚く、強さとしなやかさの両面をもち合わせている。カステルヌオーヴォ・ベラルデンガはグリセリンが多く、なめらかでやわらかいが、がっちりとした強固な構造。タンニンは細やかで動物的なニュアンスがあり、血のような鉄分の香りがある。そして、味わいの抜けがいい。サン・カッシャーノ・イン・ヴァル・ディ・ペーザはアロマやミネラル感があるバランスのとれたコンパクトな味わい。タベルネッレ・ヴァル・ディ・ペーザからポッジボンシの地域はタンニンが多めでアルコールが高い。黒っぽい果実の印象があり、強い骨組みで構成されている。

　サンジョヴェーゼはセンシティブな品種であり、土地のキャラクターを忠実にワインに写し出す。そのため、それぞれの地区によって個性豊かなキアンティ・クラッシコが生まれる。一般的には長期熟成して飲むワインではなく、生産地域や造り手の違いによる、いろいろなタイプのバリエーションを楽しみ、

カジュアルからフォーマルまで、食事との場面によってワインを選び、また、料理を選んで楽しむワインである。

◉ フィレンツェ
Firenze

サン・カッシャーノ・イン・ヴァル・ディ・ペーザ
San Casciano in Val di Pesa

グレーヴェ・イン・キアンティ
Greve in Chianti
⑧⑤

タベルネッレ・ヴァル・ディ・ペーザ
Tavarnelle Val di Pesa

⑧⑧

○ **パンツァーノ・イン・キアンティ**
Panzano in Chianti

バルベリーノ・ヴァル・デルザ
Barberino Val d'Elsa

⑧⑦

ラッダ・イン・キアンティ
Radda in Chianti
⑧③ ⑧④

ポッジボンシ
Poggibonsi

⑧②

ガイオーレ・イン・キアンティ
Gaiole in Chianti

カステッリーナ・イン・キアンティ
Castellina in Chianti

カステルヌオーヴォ・ベラルデンガ
Castelnuovo Berardenga
⑧⑥

シエナ ◉
Siena

82 キアンティ・クラッシコ
Chianti Classico
ビビアーノ Bibbiano

赤

土壌　　：石灰質、粘土質
品種　　：サンジョヴェーゼ、コロリーノ
醸造方法：発酵はセメントタンク、熟成を大樽(20hl)で4ヵ月間。瓶熟成は最低3ヵ月間。

標高　　：280〜300m
方位　　：南西、南東
仕立て方：垣根式(グイヨ、コルドーネ・スペロナート)
植樹期　：1966〜2005年
植栽密度：3,000〜5,500本 / ha
収量　　：7.0t / ha

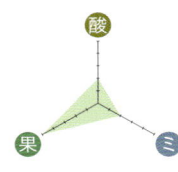

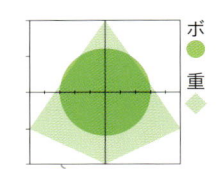

🍷 ワイン解説

　クラッシコ地域の南側に位置する、ゆるやかな丘陵が連なるカステッリーナ・イン・キアンティ。畑はその中でも西側で、土壌は粘土質が多く、比較的肥沃で、吹き込む風はゆるやかで温かい。

　黒プラム、カシスリキュール、ブルーベリーソース、インク、湿った土などのゆったりとした香り。やわらかなアタックで始まり、やや強めのアルコールを感じ、徐々に厚いボディが現れる。そして、やわらかな酸は自然に流れに溶け込んでいく。おだやかなタンニンは丸みを帯びて、果実のように熟れている。

　ワイン全体がふっくらとしていて、信じられないほど口の中いっぱいに果実味が広がる。しっとりとした艶やかな香りがあり、豊かにしてフレッシュな果実味が生かされたワイン。

🍴 料理との相性

果実っぽさから豚肉の甘酢あんかけ、ひつまぶし。やわらかい味わいからボローニャ風カツレツ、アクアコッタ、豚耳とインゲン豆の煮込み。ゆったりとした酸味から手羽先とレンコンの醤油煮、牡蠣の土手鍋。酸味が少ないので日本の料理にとても合う。　★★

トスカーナ州

ⓍⒷ キアンティ・クラッシコ
Chianti Classico

モンテラポーニ Monteraponi

赤

土壌	：石灰質、粘土質
品種	：サンジョヴェーゼ、カナイオーロ
醸造方法	：発酵はセメントタンク、熟成をセメントタンクと大樽（16,23,30hl）で16ヵ月間。瓶熟成は最低3ヵ月間。
標高	：450m
方位	：南南西、南南東
仕立て方	：垣根式（グイヨ）
植樹期	：2002〜2004年
植栽密度	：5,500本 / ha
収量	：6.0t / ha

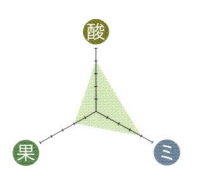

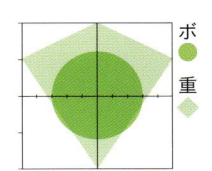

ワイン解説

　この畑があるラッダ・イン・キアンティにはたくさんの森があり、ガイオーレ・イン・キアンティと同じく東側にアペニン山脈がそびえている。気候は冷涼で寒暖差が激しい。この地区にはアルビオ川とペーザ川のふたつの川があり、南にあるアルビオ川周辺はアルベレーゼ土壌、ペーザ川周辺ではガレストロとアルベレーゼが混ざった土壌になる。

　ここはアルビオ川に近く、主に石灰質のアルベレーゼで構成された土壌。石灰質らしく、神経質に尖った細い味わい。なめし革などの動物的な香りに、スモーキー、トーストといった深みのある香りもある。セメントタンクは自然にゆっくりと温度調整ができるため、ワインはバランスよく、落ち着いた味わいになる。その一方で石灰らしい細身のボディに、鮮烈で伸びやかな酸がアグレッシブに迫ってくる。渓谷から風が吹き込み、ワインが磨かれ、ガイオーレよりも繊細さがあり、冷やかでエレガント。

料理との相性

シャープなスタイルから鹿肉の黒胡椒炒め、穴子の煮こごり、激辛唐辛子炒め四川風。バランスのよさからウズラの香草蒸し焼き。エレガントさから馬肉のたたき。すっきりとした料理に合う。　★

トスカーナ州　155

ⓈⒶ キアンティ・クラッシコ
Chianti Classico

バディア・ア・コルティボーノ　Badia a Coltibuono

赤

土壌	：石礫の多い粘土質、石灰質
品種	：サンジョヴェーゼ、カナイオーロ
醸造方法	：発酵はステンレスタンク、熟成は大樽（20〜25hl）で12ヵ月間。

標高	：280〜330m
方位	：南、南東、南西
仕立て方	：垣根式（グイヨ）
植樹期	：1997〜2002年
植栽密度	：3,500〜6,600本 / ha
収量	：7.3t / ha

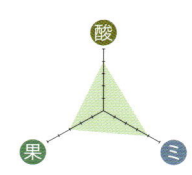

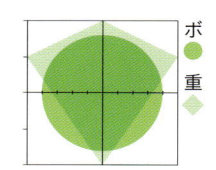

🍷 ワイン解説

クラッシコの産地の東側にあるガイオーレ・イン・キアンティ。さらに東にはアペニン山脈があり、涼しい風が吹き降りてくる。地区は縦に細長く、北部は石礫を多く含むアルベレーゼ土壌で標高が高く、涼しい気候。南部は標高が低めで気温推移もおだやかだ。

この畑は北部にあり、森に囲まれた寒暖差の大きなところ。香りも涼しげでスペアミントが奥から引き出され、前面には赤い小花、ザクロ、ダージリン紅茶などのきめ細やかな香りがある。しかし、味わいには芯の強い酸があり、がっちりとした、強靭なタンニンが全体の骨格を作り、整然とした力強い構成だ。グリップも厚く、引き締まった肉体は強固でたくましい。険しい味わいに可憐な香りという、両極端な魅力がある。

🍴 料理との相性

がっちりとした味わいから牛サガリのニンニク焼き、ハモンセラーノの無塩バター添え、牛タンシチュー。繊細な香りからラムチョップのクミン風味、ナスのはさみ揚げ辛味ソース。すっきりとした料理で強さのあるもの。　☆

トスカーナ州

05 キアンティ・クラッシコ
Chianti Classico
カステッリヌッツァ Podere Castellinuzza

赤

土壌	：石礫の多い砂質、粘土質
品種	：サンジョヴェーゼ、カナイオーロ
醸造方法	：発酵はステンレスタンクとセメントタンク、熟成をセメントタンクで12ヵ月間。

標高	：500〜550m
方位	：北西、南東
仕立て方	：カポヴォルト
植樹期	：1972〜1982年
植栽密度	：3,000本 / ha
収量	：7.0t / ha

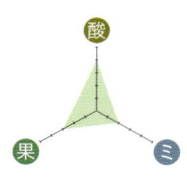

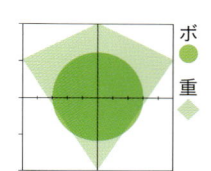

ワイン解説

グレーヴェ・イン・キアンティと呼ばれる地域はとても広い。地域の中にはさまざまな地形や標高差があり、高いところでは600mにもなる。その中でもこの畑は東側の勾配のきつい、標高の高い、ラモレ地区にある。

畑は見通しのよい開けた土地で、南西方向にパンツァーノ・イン・キアンティを望む。ここは一日中風が通り抜け、夜間には気温が下がり、昼夜の寒暖差がかなり大きい。キアンティ・クラッシコの地域の中では収穫期が遅いため、ブドウの酸が保たれ、豊かな風味のあるワインができる。

抜けのいい酸から感じられる小果実の香りに、スパイス的な香りもある。サンジョヴェーゼという品種の魅力が、最も発揮される透き通るような酸は、終始このワインの根幹を成している。

料理との相性

スレンダーなボディ感からカジキマグロの香草マリネ、海老のチリソース。心地よい酸味からイノシシの香草野菜煮込み。細かなタンニンからフキと油揚げの煮物、ワカサギの佃煮。酸味を生かした調理法でシンプルに仕上げる。　★★★

トスカーナ州

86 キアンティ・クラッシコ "ベラルデンガ"
Chianti Classico "BERARDENGA"
フェルシナ Fattoria di Felsina

赤

土壌	：石灰質、砂質、粘土質
品種	：サンジョヴェーゼ
醸造方法	：発酵はステンレスタンク、熟成を木樽（225l）で12ヵ月間。瓶熟成は最低3ヵ月間。
標高	：420〜350m
方位	：南西
仕立て方	：垣根式（グイヨ）
植樹期	：1962〜1992年
植栽密度	：5,400本 / ha
収量	：7.5t / ha

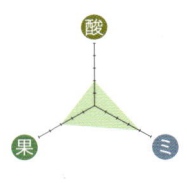

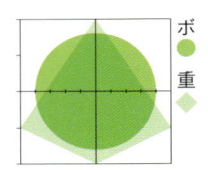

ワイン解説

キアンティ・クラッシコの地域の中で最も南に位置するカステルヌオーヴォ・ベラルデンガ。南に位置することもあり、気温は高めで降水量が少ない。日照量が充分にあり、ブドウの糖度は上がり、アルコール度数が高くなる。おのずと力強く、厚みのあるワインになる。土壌は砂質に石灰石礫が多く混ざっているため、水はけがとてもよい。

ブルーベリー、ヨード、プラム、カシス、丁字、ビターチョコなどのビビッドな香り。骨太で肩幅のあるがっちりとした体型。そして、ボディは肉厚で堂々たる風格。酸は太めで硬く、重心は低め。強いアタックから、どっしりとした重量感が伝わり、ミッドに入り、極めて濃密な甘いタンニンが口腔いっぱいに広がる。グリップは厚めでパワーのある立体的なワイン。

料理との相性

パワフルな味わいからウサギのパッパルデッレ、牛バラ肉のスパイス煮込み、ホルモンの八丁味噌鍋。骨太な感じからカツオのたたき ごま味噌和え、クジラの立田揚げ。動物性油脂の多い素材を使用し、濃いめに味つけした料理。　★★

トスカーナ州

❽ キアンティ・クラッシコ
Chianti Classico
イーゾレ・エ・オレーナ　Isole e Olena

赤

土壌	：粘土質、砂質、石灰質
品種	：サンジョヴェーゼ、カナイオーロ、シラー
醸造方法	：発酵はステンレスタンク、熟成を木樽（225l、40hl）で12ヵ月間。瓶熟成は最低6ヵ月間。
標高	：350〜450m
方位	：西、南西
仕立て方	：垣根式（グイヨ、コルドーネ・スペロナート）
植樹期	：1997年
植栽密度	：3,000本 / ha
収量	：6.0t / ha

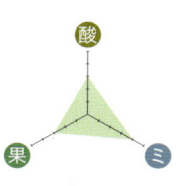

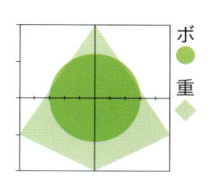

🍷 ワイン解説

キアンティ・クラッシコの地域の中で西側に面している、ポッジボンシ、バルベリーノ・ヴァル・デルザ、タヴェルネッレ・ヴァル・ディ・ペーザ。これらは東側とは違い、地中海性気候の影響をやや受けている。東側に比べるとゆるやかな丘陵が続き、温暖な気候で降水量も少なめだ。

土壌はガレストロ（粘土質系）、アルベレーゼ（石灰質系）、砂質などが混ざり、貝殻の化石も多く含まれる。

イチゴドロップ、サクランボ、黒スグリなどの明るさのあるフレッシュな果実の香り。丁字、甘草、鉛筆の芯などのスパイス的で抜けのよい香りが共存する。酸味はやや太めだが、すっきりと伸び上がり、適度に厚みのあるボディに熟れたタンニンが重なった、コントラストのある大きな味わい。

🍴 料理との相性

やわらかなアタックからトマトスパゲティ、味噌煮込みうどん。安定感から麻婆茄子、リボリータ、リヴォルノ風魚介の煮込み。塩っぽいミネラル感からフィレンツェ風ビステッカ、マグロの漬け丼。かなり広い範囲で食材を選べるが、重くない調理法を選ぶ。　★★★

トスカーナ州

88 キアンティ・クラッシコ
Chianti Classico
チンチョーレ Azienda Le Cinciole

赤

土壌　　　：粘土質、石灰質
品種　　　：サンジョヴェーゼ、カナイオーロ
醸造方法　：発酵はセメントタンク、熟成を木樽で12〜18ヵ月間。瓶熟成は最低3ヵ月間。

標高　　　：450m
方位　　　：南東
仕立て方　：垣根式（グイヨ、コルドーネ・スペロナート）
収穫期　　：1997年
植栽密度　：5,600〜7,000本/ha
収量　　　：4.0t/ha

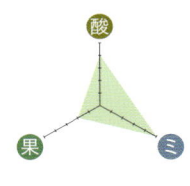

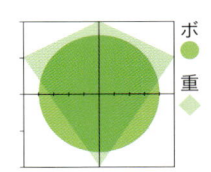

🍷 ワイン解説

キアンティ・クラッシコ地域のほぼ中央に位置するパンツァーノ・イン・キアンティ。ここはグレーヴェ・イン・キアンティからやや登った丘陵にあり、周囲にはゆるやかな丘が連なっている。そして畑からはカステッリーナ・イン・キアンティが望める。南西から風が吹き、丘陵に囲まれた、すり鉢状の畑に風が回り込む。石礫が多い土壌構成でガレストロやアルベレーゼが混在している。

丁字、甘草、胡椒、炭などのかっちりとした香りを中心に果実系、花系の香りが追従する。しっかりとした酸にがっちりとした構成力。アタックも強く、メリハリのある凛々しい味わい。骨格もはっきりと現れ、肩幅もあり、締まった肉体には贅肉がない。グリップも厚く、リッチでスケールも大きい。しかし、冷やかさがあり、冷静さも忘れていない。

🍴 料理との相性

バランスのとれた味わいからソーセージを詰めた豚足煮、ホロホロ鳥のコンフィ、肉詰め豆腐の土鍋煮、キングサーモンのフライ。すっきりとした味わいから鯉の洗い、辛子レンコン。肉料理に限らず、いろいろな食材が考えられる。仕上がりのバランスを考えた調理法を選ぶ。
★★

トスカーナ州

⑧⑨ ヴィーノ・ノーヴィレ・ディ・モンテプルチアーノ
Vino Nobile di Montepulciano
グラッチャーノ・デッラ・セータ Tenuta di Gracciano della Seta

赤

土壌　　：粘土質、石灰質
品種　　：サンジョヴェーゼ、メルロ
醸造方法：発酵はステンレスタンク、熟成を大樽
　　　　　（5〜26hl）で12ヵ月間。

標高　　：350m
方位　　：東、南東、南
仕立て方：垣根式（コルドーネ・スペロナート、グイヨ）
植樹期　：1977〜2003年
植栽密度：2,500〜5,000本/ha
収量　　：6.0t/ha

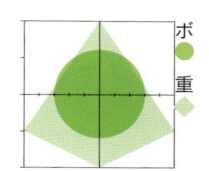

ワイン解説

　トスカーナのほぼ中央部に位置するモンテプルチアーノ。ここはゆるやかな丘陵が続いている。この産地でサンジョヴェーゼから造られるワインは、北にあるキアンティ・クラッシコ地域や南にあるブルネッロ地域とは異なり、ワインは全体的に艶っぽく、スムーズで丸みがある。まるでなだらかな丘陵に似た、ゆったりとした流れに似ている。

　赤いバラ、ヨード、胡椒、甘草などのコントラストのある香りにヴェルヴェットのような肌ざわりの質感があり、心地よい世界に誘う。イチゴを頬張ったような果実味が口腔に溢れ、すべるような細かいタンニンの感覚が伝わり、甘く豊かな果実味が残像となり、余韻に流れ込む。ふたつの大きな産地に挟まれて存在感は薄いが、ここは知られざる銘醸地といえるだろう。

料理との相性

なめらかな感触から鶏のレバーペースト、ツバメの巣の煮込み、豚しゃぶのごまだれ。低めの重心からタリアテッレに鹿肉のミートソース、牛タンのデミグラスソース煮込み。バランスのとれた厚みのある料理。　★★

トスカーナ州　161

ブルネッロ・ディ・モンタルチーノ
〜なめらかな質感のタンニンと強い構成力〜

　標高600mの小高い丘を囲むようにブドウ畑が広がっている。モンタルチーノはイタリアワインの中でバローロと並んで、長期熟成できるワインの産地である。バローロがネッビオーロの単一品種で造るように、ブルネッロ・ディ・モンタルチーノもサンジョヴェーゼのみで造る。

　産地は大きく南側、南側中腹、南側上部、西側、北側に分けられる。南側の標高100〜200mのあたりは粘土質土壌で日照量が多く、ここからは色鮮やかで力強いワインが生まれる。200〜350mあたりの南側中腹部では石礫が多く、石灰や粘土の複雑な土壌構成。ワインには抜けのいい酸があり、タンニンが多めで複雑な構成力。頂上に近い南側上部は、澄んだ酸でディテールの細やかな味わい。そして、地中海の海風の影響を受ける西側はゆるやかな丘陵地帯で、ワインは透明感のある酸に細やかで繊細なタンニン。細めの骨格だが、複雑性がある華やかな味わい。北側の土壌は砂質の比率が多く、香りには果実だけではなく、フローラル系も多い。しっかりとした酸があり、上品なやわらかさとデリケートさをもち合わせている。

　ブルネッロ・ディ・モンタルチーノの格下ワインにロッソ・ディ・モンタルチーノがある。このワインもブルネッロと同じくサンジョヴェーゼ100％で造られる。違いは熟成期間が短く、タンニンの量が少なめで飲み頃が早く来ること。よく考えてみると、ブルネッロを飲み頃になるまで待つよりも、また、固くて渋いタンニンの若いブルネッロを飲むよりも、ロッソ・ディ・モンタルチーノを選んだ方がよい場合が多々ある。場面やシチュエーションを使い分けて上手に選んでもらいたい。

90 ブルネッロ・ディ・モンタルチーノ
Brunello di Montalcino

コル・ドルチャ Col d'Orcia

赤

土壌　　：粘土質、石灰質
品種　　：サンジョヴェーゼ
醸造方法：発酵はステンレスタンク、熟成を大樽
　　　　　（25,50,75hl）で36ヵ月間。瓶熟成は
　　　　　最低12ヵ月間。

標高　　：300〜320m
方位　　：南西
仕立て方：垣根式（コルドーネ・スペロナート）
植樹期　：1982〜1987年
植栽密度：3,500〜4,000本 / ha
収量　　：6.5t / ha

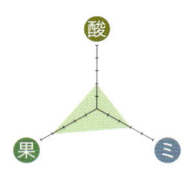

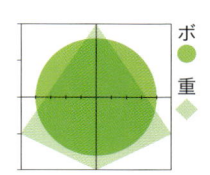

ワイン解説

モンタルチーノの南側の斜面に畑がある。地質時代は第三紀の始新世になり、石礫を多く含む粘土質や石灰質の固い土壌。斜面が南向きのため、日照量が多く、他のモンタルチーノのエリアよりも降水量がやや少ない。

ブルネッロは長期間、熟成した後にリリースされるため、第三香といわれる熟成香が感じられる。腐葉土、ヨード、なめし皮などがそうである。また、黒スグリ、野イチゴ、ビターチョコ、錆びた鉄くぎなどの香りも感じられる。

酸味はやわらかく、とてもおだやかなニュアンスでゆったりとしている。重心が低めで骨格が太く、がっちりとした風格がある。そしてアルコール度数も高めでパワフル。甘く熟れた膨大なタンニンが、さらなる強さを強調している。

料理との相性

パワフルな味わいからタリアータ ローズマリー風味、ビーフシチュー、すき焼き。落ち着いた香りから牛肩ロースのキノコ煮込み、ビーフストロガノフ、イノシシとネズの実の煮込み。やわらかさのある、煮込み料理やスパイス風味のあるもの。　★★

トスカーナ州

⑨ ロッソ・ディ・モンタルチーノ
Rosso di Montalcino
ポッジオ・ディ・ソット Poggio di Sotto

赤

土壌　　　：石灰質、粘土質
品種　　　：サンジョヴェーゼ
醸造方法　：発酵はステンレスタンクと木樽を使い、熟成を大樽（25,30hl）で24ヵ月間。瓶熟成は最低6ヵ月間。

標高　　　：200〜450m
方位　　　：南東
仕立て方　：垣根式（コルドーネ・スペロナート）
植樹期　　：1992年
植栽密度　：3,000〜4,200本 / ha
収量　　　：3.0〜3.5t / ha

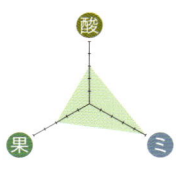

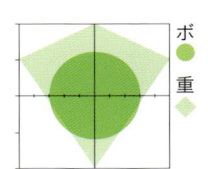

ワイン解説

畑はモンタルチーノの南側の中腹あたりにある。土壌には石灰石礫が多く含まれており、土地はやせている。

ここは遮るものがなく、日が昇る東側から日が沈む西側まで、一日中、畑に日光が当たっている。そして、雨雲は西からやってきて、ここを通過して東に抜ける。降雨が続いたとしても風もよく吹くため、雨に濡れたブドウをすぐに乾かす、好適な畑だ。

ラズベリー、赤いバラ、生肉、濡れた炭、ザクロなど、果実的な香り以外にも動物香や鉱物的な香りも強く、かっちりとした強い印象を残す。しっかりとした構成力もあり、また、しなやかさも兼ね備えている。アタックはソフトだが、ミッドから硬質でミネラリックな味わいが広がり、厳格さと垂直性のあるワイン。

料理との相性

動物的な香りから馬タテガミの刺身、トスカーナ風レバーペースト、フィレンツェ風トリッパの煮込み。カリッとしたミネラル感から仔羊のカツレツ、ラルドを巻いた野鳩のオーブン焼き。密度は高く、しかし重くなりすぎない料理。　★

トスカーナ州

92 ブルネッロ・ディ・モンタルチーノ
Brunello di Montalcino

ラニャーイエ　Le Ragnaie

赤

土壌　　：砂質、粘土質
品種　　：サンジョヴェーゼ
醸造方法：発酵は大樽(25hl)、熟成も木樽で36
　　　　　ヵ月間。瓶熟成は6ヵ月間。

標高　　：400〜600m
方位　　：南西
仕立て方：垣根式(グイヨ)
植樹期　：1967〜1997年
植栽密度：5,000本/ha
収量　　：5.0t/ha

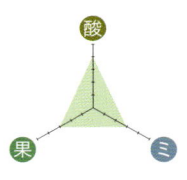

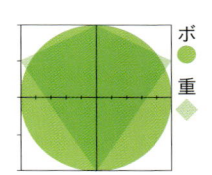

🍷 ワイン解説

　丘の頂上にはモンタルチーノの小さな街があり、そこから放射線状に道路が引かれ、両脇にブドウ畑が開けている。このワインの畑は頂上に近い南側斜面にあり、土壌はとても複雑な構成で礫も多く含んでいる。

　モンタルチーノではよく霧が発生する。霧は収穫期に発生すると水分がブドウに付着し、病気の原因にもなるが、標高の高いこの地区は霧の影響が少ない。モンタルチーノの中でもここは寒暖差が大きく、可憐な香りが生まれ、細やかなディテールの味わいになる。

　赤い小花の華やかな香りや、ラズベリー、ザクロ、スグリ、スペアミントなどのデリケートな香り。粒子が細かく、熟れたタンニンが網のようにボディに絡みつき、安定した構造を成している。

🍴 料理との相性

繊細な味わいからナスの冷製トルコ風、エゾ鹿のマリネ、ウナギの蒲焼き。複雑性からホウレン草のチーズカレー、マグロの漬け、アワビのオイスターソース煮。重くない素材を選び、調理法で強さとまとまりを考える。　☆

トスカーナ州

93 ブルネッロ・ディ・モンタルチーノ
Brunello di Montalcino
フーガ Tenuta Le Fuga

赤

土壌　　：粘土質
品種　　：サンジョヴェーゼ
醸造方法：発酵はステンレスタンク、熟成を大樽
　　　　　（30,40hl）で36ヵ月間。瓶熟成は最
　　　　　低4ヵ月間。

標高　　：350m
方位　　：南西
仕立て方：垣根式（コルドーネ・スペロナート）
植樹期　：1997〜2002年
植栽密度：4,500本 / ha
収量　　：6.0t / ha

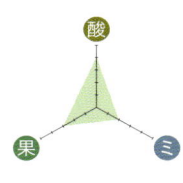

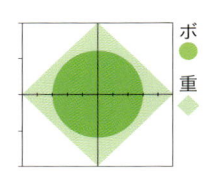

🍷 ワイン解説

モンタルチーノの西側は他の地区とは地形が違う。開けた丘陵に裾野が広がるように、ゆるやかな傾斜に広がっている。丘陵の勾配がゆるやかなため遮るものが少なく、また、西向きであるため、一日の日照時間が長い。ブドウはゆっくりと時間をかけて完熟する。この地域は夕方になると遥か遠くの地中海から風がやってくる。

丁字、黒胡椒などのスパイス香が鼻につき、プラム、ブラックベリーなどの果実系に、セージ、ローズマリーなどの地中海ハーブの香りが重なる。細めの酸味はきれいに伸び上がり、静かに通り過ぎる。グリップは薄く、やわらかくゆるやかな形状を描く。時折、現れる塩味はタンニンと絡み、ベーシックなボディの基礎をつくる。ブルネッロらしい強さはタンニンから感じられるが、この畑の丘陵のようなゆったりとした流れがある。

🍴 料理との相性

やわらかな感触から仔羊の岩塩焼き 香草風味、ローストビーフ グレービーソース、牛ヒレ肉のグリーンペッパークリームソース。さらりとした粘性からポルチーニ茸のグリル、ウナギの蒲焼き。素材は多用できるが、調理法も含め、軽く仕上げる。　★★

トスカーナ州

94 ロッソ・ディ・モンタルチーノ
Rosso di Montalcino
カパンナ Capanna

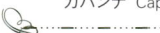

土壌　　：粘土質、砂質
品種　　：サンジョヴェーゼ
醸造方法：発酵は大樽（72〜100hl）、熟成も大樽（20〜30hl）で12〜15ヵ月間。瓶熟成は最低4ヵ月間。

標高　　：250〜280m
方位　　：南西
仕立て方：垣根式（コルドーネ・スペロナート）
植樹期　：1997〜2005年
植栽密度：2,500〜4,500本 / ha
収量　　：7.0t / ha

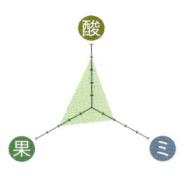

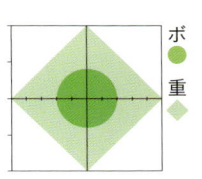

🍷 ワイン解説

モンタルチーノからコンヴェントに向かって広がる北側斜面の畑は、起伏に富んだ地形が連なっている。土壌構成もさまざまでいろいろな土質が混ざり合う。南側に比べると涼しい気候で降水量もやや多め。東側のアペニン山脈からは冷たい風も吹いてきて、ワインにはエレガントさがある。

スミレ、リコリス、野イチゴ、ダークチェリーなどのチャーミングな香り。すっきりとした酸味で始まり、果実っぽさが口腔に広がっていく。粘質は低めでさらりとした感触。構成力はゆるめでゆったりとしている。流れも同様でミッドからは力の抜けたような感覚になり、タンニンの存在を確かめながら余韻に向かう。全体的に広がりのある味わいで豊かな香りに包まれたワイン。

🍴 料理との相性

広がりのある味わいからリボリータ、イノシシのラグーパスタ。さらりとした粘性からハーブ入りソーセージとインゲン豆のトマト煮込み、キノコ類のタリアテッレ。涼しげな酸味から甲殻類の焼き物ケイパーソース。いろいろな料理が考えられるが、仕上がりを軽くする。　★★

トスカーナ州

95 モンテファルコ・ロッソ・リゼルヴァ
Montefalco Rosso Riserva

ミルジィアーデ・アンタノ・コッレアッロドーレ Milziade Antano Colleallodole

土壌	粘土質
品種	サンジョヴェーゼ、サグランティーノ、メルロ、カベルネ・ソーヴィニヨン
醸造方法	発酵はステンレスタンク、熟成をステンレスタンクと大樽(20hl)で12〜15ヵ月間。瓶熟成は最低3ヵ月間。

標高	265m
方位	東から西
仕立て方	垣根式(コルドーネ・スペロナート)
植樹期	1972〜2002年
植栽密度	2,700〜5,000本 / ha
収量	5.0〜6.0t / ha

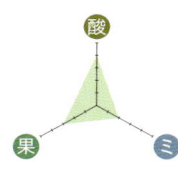

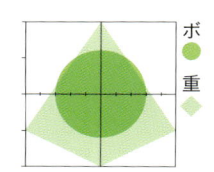

ワイン解説

イタリアのほぼ中央に位置する小さな産地。小高い丘の斜面に畑が広がっている。西側のアペニン山脈から冷たい風が流れてくるが、比較的おだやかな気温で推移する。

品種のサグランティーノはこの限られた産地だけで栽培されている。とても酸の強い品種で、これにサンジョヴェーゼをブレンドすると鋭い酸味に幅ができる。また、果実味が加わることにより、すっきりとしたバランスのよい、山っぽい味わいのワインになる。さらにサグランティーノの硬いタンニンはサンジョヴェーゼによっておだやかになる。

野バラ、石鹸、ヨード、ブルーベリー、カシスなどのメリハリのある香りが広がり、締まった肉体に華やかさを演出する。ベースを成しているタンニンの存在は余韻まで続き、力強いワインであることを忘れさせない。

料理との相性

厚みのあるタンニンから桜鍋、味噌カツ、ウナギのオイスターソース煮、トリッパの煮込み、ヤマシギの詰め物ロースト。引き締まったボディからアヒルの醤油蒸し、キジのサルミ。ジビエなどの赤身肉に違う香りの素材を加えて複雑にする。
★

96 ヴェルディッキオ・ディ・マテリカ
Verdicchio di Matelica

コッレステファノ　Collestefano Azienda Vitivinicola di Marchionni Fabio

白

土壌　　　：砂質、粘土質、石灰質
品種　　　：ヴェルディッキオ・ビアンコ
醸造方法：発酵はステンレスタンク、熟成もステンレスタンクで4ヵ月間。瓶熟成は最低2ヵ月間。

標高　　　：420m
方位　　　：北、南、東
仕立て方：ドッピオ・カポヴォルト、垣根式（グイヨ）
植樹期　：1972〜2002年
植栽密度：2,200〜3,600本／ha
収量　　　：8.0〜10.0t／ha

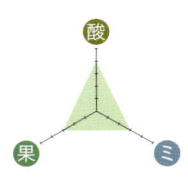

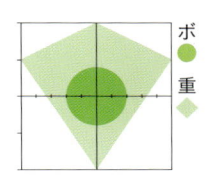

ワイン解説

アペニン山脈の麓に広がるこの産地は、同じヴェルディッキオ種を使って造るイエージ（p.104）とはまったく違う栽培環境にある。同じ品種にも関わらず、でき上がったふたつのワインのキャラクターは大きく異なる。イエージは海のワインで力強さがあるが、このマテリカはフローラルな香りに包まれた、デリケートな味わい。香りに集中すると、純度の高いアロマを感じる。森に囲まれた冷涼な気候から生まれる繊細な香りだ。

透けるような酸味、ハーブを思わせるような清涼感、そして、主軸にはヴェルディッキオらしい、凛としたミネラルが見事なバランスで収まっている。きめ細やかなディテールが表面に現れているが、粘り強い品種本来の性格が基礎を築いている。

料理との相性

酸味とボディ感から鶏ムネ肉のマリネ。ハーブの香りからタラの西京焼き。フローラルな香りのイメージからカボチャの花の詰め物揚げ。ワインには粘性がなくさらりとしているので、料理でも重くならないように軽やかに仕上げる。

★★★

マルケ州

97 ペコリーノ・テッレ・アクイラーネ "ジュリア"
Pecorino Terre Aquilane "GIULIA"
カタルディ・マドンナ Cataldi Madonna

白

土壌	：粘土質、石灰質
品種	：ペコリーノ
醸造方法	：発酵はステンレスタンク、熟成もステンレスタンクで3〜6ヵ月間。瓶熟成は最低3ヵ月間。

標高	：390m
方位	：南東
仕立て方	：垣根式（コルドーネ・スペロナート）
植樹期	：2002年
植栽密度	：4,000〜6,000本 / ha
収量	：8.0t / ha

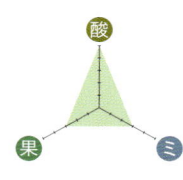

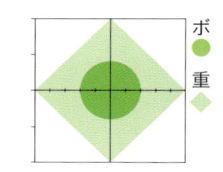

ワイン解説

アペニン山脈の裾野に広がる畑には、山から涼しい風が吹き降りる。昼夜の寒暖差は大きく、そこからは豊かなアロマが生まれる。

白い小花が咲き乱れ、ライム、レモン、スダチなどのすっきりとした柑橘系の香りに溢れる。さらりとした感触が心地よく、透き通るような酸味がレモングラスの香りと共に通り過ぎる。軽やかなアタックで始まるが、後味には塩っぱさが残り、少しずつボディの厚さが増していく。ミッドに差しかかる頃にはふっくらとした肉感的な容姿に変わる。

全体的に酸が基盤を構成し、ミネラリックな塩味が肉づけしている。若いヴィンテージではえぐるようなアグレッシブな酸であっても、熟成を重ねることにより、火打石的な典型的なミネラリー感が、香りと味わいに現れる。

料理との相性

後香のスモーキーさからアスパラガスのグリル、ナスのグラタン。やわらかで軽やかな味わいからカポナータ、豆腐の田楽。塩っぱさから車海老の塩釜焼き、しょっつる鍋。軽い素材を使い、軽やかな調理法を選ぶ。 ★★

マルケ州

98 チェザネーゼ・デル・ピーリオ "カンポ・ノーヴォ"
Cesanese del Piglio "CAMPO NOVO"

カザーレ・デッラ・イオリア Casale della Ioria

赤

土壌　　：粘土質
品種　　：チェザネーゼ・ダッフィーレ
醸造方法：発酵はステンレスタンク、熟成もステンレスタンクで12ヵ月間。瓶熟成は最低6ヵ月間。

標高　　：380m
方位　　：南
仕立て方：垣根式（グイヨ、コルドーネ・スペロナート）
植樹期　：1977〜2005年
植栽密度：5,000本 / ha
収量　　：6.0t / ha

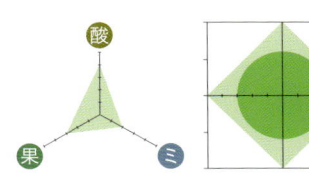

🍷 ワイン解説

　アペニン山脈の麓に広がる産地。夜間に山おろしの冷たい風が畑に降りてくる。雨雲がアペニン山脈にぶつかるため、この産地は降水量が多めだ。

　チェザネーゼ・ダッフィーレは神経質な晩熟品種。そのため、収穫期に雨が降るとブドウが病気にかかりやすく、ワインの味わいに影響する。つまり、収穫期のダメージによってヴィンテージのキャラクターが違ってくる。

　ニオイスミレ、野イチゴのリキュール、ブルーベリーなどの華やかな香りがある一方、タンニンには強靭さがある。キビキビとしたタンニンがこのワインの特徴であり、魅力である。凛とした強い酸味に粒の揃った上質なタンニン、このふたつがあって、はじめて長期間の熟成に耐えうるワインの条件が揃う。ポテンシャルを備えた、このワインは厳しい山岳気候が生んだ傑作。

🍴 料理との相性

細やかなタンニンからカルチョフィのフリット、黒ごま入りソーセージのグリル、牛肉のしぐれ煮。バランスのよさから紫キャベツとインゲン豆の煮込み、牛肉と香味野菜のトマト煮込み。料理はボリュームを抑えつつ仕上げる。　★

ラツィオ州　171

99 ファランギーナ・タブルノ
Falanghina Taburno

リヴォルタ Fattoria La Rivolta

白

土壌　　：粘土質、石灰質
品種　　：ファランギーナ
醸造方法：発酵はステンレスタンク、熟成もステンレスタンクで3〜4ヵ月間。

標高　　：250m
方位　　：東から西
仕立て方：垣根式（グイヨ）
植樹期　：1998年
植栽密度：3,000〜4,000本 / ha
収量　　：7.0〜8.0t / ha

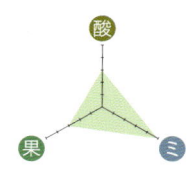

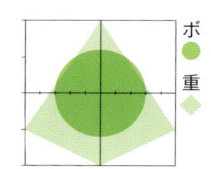

ワイン解説

内陸に入ること約50km、州立公園の北東部に広がる産地。周囲に広がる森林が気温調節を行ない、夏の暑さから畑を守る。そして、冷たい粘土質土壌はブドウの木にストレスを与えない。

ファランギーナ種の中でも、このファランギーナ・ベネヴェンターナと呼ばれるミネラリーな品種はボディが厚く、重心が低めでずっしりとした味わい。

レモンドロップ、アンズ、ジャスミン、ザボンの砂糖漬けなどのしっとりとした香り。やや太めの酸味と詰まったミネラリックな塊が絡んでいる。白ワインにも関わらず、筋肉質的なニュアンスがあり、がっちりとした力強い構成力。背後にはベーシックな酸があり、安定した味わいを支えている。熟成を重ねることにより、火打石っぽい香りが表に現れる。

料理との相性

ベーシックな酸味からイワシやサンマなどの青背魚のマリネ、穴子の天ぷら。ミネラリックな硬さから帆立のクリーム煮。厚みのあるボディから野ウサギのワイン煮込み ハーブ風味、仔豚のロースト。適度な厚みと密度のある素材を選び、シンプルに調理し、やや重さのある料理に仕上げる。　★★

カンパーニャ州

⑩ アリアニコ・デル・タブルノ
Aglianico del Taburno
リヴォルタ　Fattoria La Rivolta

土壌	：粘土質、石灰質
品種	：アリアニコ
醸造方法	：発酵はステンレスタンクと木樽、熟成もステンレスタンクと木樽でそれぞれ12ヵ月間。瓶熟成は最低6ヵ月間。

標高	：250m
方位	：東から西
仕立て方	：垣根式（グイヨ）
植樹期	：1998年
植栽密度	：4,000〜5,000本 / ha
収量	：6.0t / ha

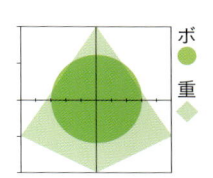

🍷 ワイン解説

　左頁（p.172）と同じ畑になる。アリアニコは栽培する環境に敏感に反応してキャラクターを変える。ここタブルノではタウラージの産地に比べて標高が低く、温かな気候。また、粘土質土壌の構成比率が高いため、タウラージより色素が濃く、おだやかな酸、やわらかなタンニン、柔和なミネラル感、そして豊かにして、フレッシュな甘い果実味が多い。

　プルーン、カリン、アメリカンチェリー、インク、ヨードなどのゆったりとした香り。優しいアタックに導かれながら、少しずつ肉感的なボディを露（あらわ）にする。非常にリッチななめらかさがあり、比較的熟成を待たずに楽しめる。また、ある程度熟成した後には、タンニンが解けたようにボディに溶け込み、ミネラルが根底にある上品な味わいのワインになる。

🍴 料理との相性

ふっくらとした味わいから牛バラ肉のトマトスパイス煮込み、仔羊のトリッパ。豊かな香りから香味野菜の牛肉巻き、車海老のタンドリー。熟れたタンニンから鴨のマグレ、シビレのカツレツ。しっかりとした重さのある料理がいい。　★★

カンパーニャ州

101 グレコ・ディ・トゥーフォ
Greco di Tufo
カンティーナ・デイ・モナチ Cantina dei Monaci

白

土壌　　：粘土質、砂質
品種　　：グレコ
醸造方法：発酵はステンレスタンク、熟成もステンレスタンクで10ヵ月間。瓶熟成は最低10ヵ月間。

標高　　：350m
方位　　：南東
仕立て方：垣根式（グイヨ）
植樹期　：1992〜2002年
植栽密度：3,000本 / ha
収量　　：9.0t / ha

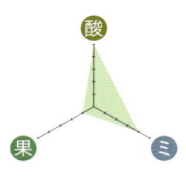

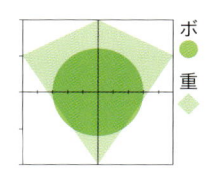

ワイン解説

森林に囲まれ、深々とした空気が漂うサンタ・パオリーナ。雨が多く、サバート川の影響もあり霧がよく発生する。このような環境におかれた地域でしか栽培できないグレコ種はタンニンを多く含み、強いボディがある、一風変わった白ワインだ。

エニシダ、サフラン、菩提樹の花、青パパイアなどのシャープな香りに、アクリルのような人工的な香りも感じられる。グレコ特有の翳りのある内向的な性格は好き嫌いを分けるが、深みのある独特の趣きは、好きになった人を魅了してやまない。フィアーノ（右頁）のような開放的な性格とは正反対だ。頑固なまでに太くて強い酸が根幹を成し、そこにサラサラとした質感が感じられる。粘質が弱いのに、がっちりとしている感じがするだろう、これがいい。

料理との相性

さっぱりとした感触からコチの天ぷら、水菜のおひたし、蒸し鶏。細い香りからサルティンボッカ、八宝菜。タンニンの渋みから甲イカの墨煮、ウサギのワイン煮込み。白身肉を使った軽い調理法の料理。　★★

102 フィアーノ・ディ・アヴェリーノ
Fiano di Avellino
ピエトラクーパ Pietracupa

白

土壌　　：粘土質、石灰質
品種　　：フィアーノ
醸造方法：発酵はステンレスタンク、熟成もステンレスタンクで6ヵ月間。瓶熟成は6ヵ月間。

標高　　：400〜500m
方位　　：南東
仕立て方：垣根式(グイヨ)
植樹期　：1992〜2002年
植栽密度：2,000本 / ha
収量　　：8.0t / ha

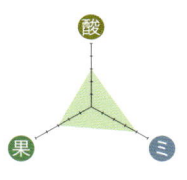

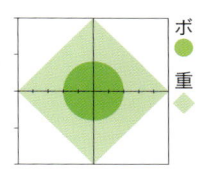

ワイン解説

　南イタリアで広く栽培されているフィアーノだが、ここアヴェリーノが伝統的な産地。緑豊かな畑は、標高の高い森林に囲まれた、涼しい気候の場所にある。朝夕の寒暖差は大きく、山間ならではの可憐で華やかな香りだ。

　キンモクセイ、エニシダ、ジャスミンなど、フローラルに彩られた香りがいっぱい。透明感のある酸味に柑橘系の果実味が溶け、美しさに相乗効果をもたらす。耳を傾けると美しいハーモニーが聞こえてくる。メロディアスに流れるフレーズのように、ピュアで軽やかな酸がミッドからエンディングに向かう。

　眩しい光が差し込むような明るさがあり、華やいだ香りが放たれる。元来、フィアーノの魅力はこういった陽気で開放的な味わいなのだ。

料理との相性

フローラルな香りから貝類のパエージャ、花ズッキーニのリコッタ詰め、車海老の湯引き。華やかな印象からリヴォルノ風魚介の煮込み。透き通る酸味から白身魚のフリット、水菜とカラシ菜のサラダ。すっきりとした料理に仕上げる。
★★★

カンパーニャ州

タウラージ
〜彩りのある香り、密度感のあるスレンダーなボディ〜

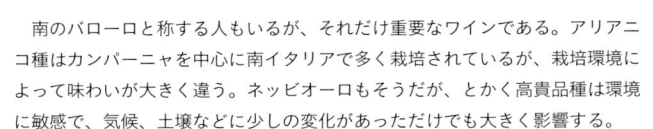

　南のバローロと称する人もいるが、それだけ重要なワインである。アリアニコ種はカンパーニャを中心に南イタリアで多く栽培されているが、栽培環境によって味わいが大きく違う。ネッビオーロもそうだが、とかく高貴品種は環境に敏感で、気候、土壌などに少しの変化があっただけでも大きく影響する。

　タウラージのあるここアヴェリーノ県は、冷涼な気候でアリアニコの隠されたポテンシャルが発揮できる土地である。この品種はとても晩熟で、標高の高い村々では収穫が降雪の後の12月になることもめずらしくない。南部には標高600mを越えるモンテマラーノやカステルフランチなどがあり、土壌は火山性と粘土質。ワインは鮮やかな紫色のエッジが現れ、ブラックベリーなどの黒い果実の香りと、がっちりとした酸が特徴。石灰質の多い東部は流れの美しいフィネスがあるワイン。タウラージ村などの中央部は粘土質と砂質の土壌で、ワインには豊かなフローラルやスパイスの香りがある。また、北西部の適度に起伏した丘陵の土壌は砂質と粘土質で、ワインにはすっきりとした酸味があり、緊張感のある締まった味わいがある。

　カンパーニャの内陸にあるアヴェリーノ地域は、南イタリアの暑いイメージを払拭させるほど冷涼な気候である。全体的なワインの特徴は果実香だけでなく、ブーケ、香辛料などの複雑性があり、バリエーションに富んだ香り。抜けのいいすっきりとした酸。細やかで上質感のあるタンニン。細身の肉体になめらかな密度感がある、強さとしなやかさを兼ね備えたワインである。

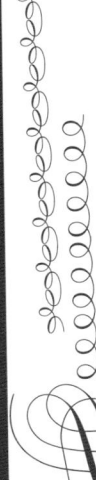

103 タウラージ "ヒストリア"
Taurasi "HISTORIA"
マストロベラルディーノ Mastroberardino

赤

土壌　　：砂質、火山性
品種　　：アリアニコ
醸造方法：発酵はステンレスタンク、熟成は木樽で18ヵ月間。瓶熟成は最低18ヵ月間。

標高　　：400m
方位　　：南東
仕立て方：垣根式（コルドーネ・スペロナート）
植樹期　：1972年
植栽密度：2,500本 / ha
収量　　：5.0t / ha

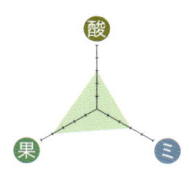

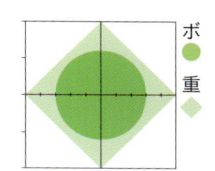

ワイン解説

タウラージの生産地域の北部に位置するミッラベッラ・エクラーノ。このワインはここで造られる。砂質と火山灰から構成される土壌はとてもやわらかく、ワインからは華やかな芳香、しなやかなタンニン、そして細やかなディテールが感じとれる。

黒スグリ、ザクロ、甘草、赤いバラ、ダークチェリーなどの香りが広がり、やわらかなアタックでゆっくりとフェードインするように自然に流れ、スムーズにミッドに向かう。そして、徐々にタンニンと香りが広角的に広がり、艶やかな全体像が浮かび上がる。

元来、タウラージのもつ強さとは違い、優れた美しさと知性があり、アリアニコの側面を感じさせるワインだ。また、古い樹齢による複雑味も感じとれる。鉄っぽさ、塩っぽさがリズミカルなアクセントになっている。

料理との相性

熟れたタンニンから牛肉の煮込み ブルゴーニュ風、すき焼き。鉄っぽさからマトンカレー。後味のスパイス感からよだれ鶏、ツグミのロースト、カタツムリの香草風味。料理には重さが必要だが、太い味わいにならないようにする。　☆

カンパーニャ州

104 イルピーニア・カンピ・タウラジーニ "カラジータ"
Irpinia Campi Taurasini "CARAZITA"
ポンテ Tenuta Ponte

赤

土壌	：粘土質、石灰質
品種	：アリアニコ、サンジョヴェーゼ、メルロ
醸造方法	：発酵はステンレスタンク、熟成は木樽（225l、25～60hl）で12～18ヵ月間。

標高	：400～490m
方位	：南、南西
仕立て方	：垣根式（グイヨ、コルドーネ・スペロナート）
植樹期	：1990年
植栽密度	：2,500～3,000本 / ha
収量	：7.0～8.0t / ha

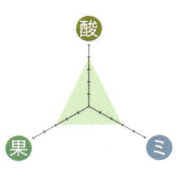

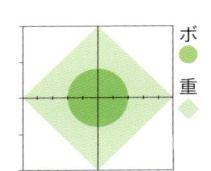

ワイン解説

タウラージの産地の中でもアペニン山脈に近い東側に位置するルオーゴサーノ。アペニン山脈からは、冷たい風が降りてくる。この冷たい風は夏期には畑の気温を下げ、秋期にはブドウを乾かして病害から守る。また、村を囲むように南側に流れているカローレ川は、適度な湿度を畑にもたらし、ブドウにストレスを与えないように適度な気温調整をする役割も担っている。

プラム、ブラックベリーなどの新鮮な果実香と、丁字、黒胡椒、ナツメグ、カカオなどのシャープなスパイス的な香り。また、補助品種のメルロは完熟させることにより、ボディに厚みをもたせ、サンジョヴェーゼは酸味をやわらげる。これらをブレンドすることにより、複雑性が得られるだけでなく、バランスのとれた味わいになり、特徴的な香りも強調される。

料理との相性

バランスのよい味わいからイスキア風野ウサギの煮込み、回鍋肉。澄んだ酸味から仔牛のソテー ケイパーソース、レバーフライのウスターソースがけ、アマトリチャーナのマカロニ。肉料理のみならず、パスタや野菜料理など、重めの料理がよい。　★★★

カンパーニャ州

105 イルピーニア・カンピ・タウラジーニ
Irpinia Campi Taurasini
プリスコ　Azienda Vitivinicola Di Prisco

赤

土壌　　：石灰質
品種　　：アリアニコ
醸造方法：発酵はステンレスタンク、熟成もステンレスタンクで24ヵ月間。瓶熟成は最低6ヵ月間。

標高　　：480〜540m
方位　　：南東
仕立て方：垣根式（コルドーネ・スペロナート）
植樹期　：2000年
植栽密度：2,500本 / ha
収量　　：7.0t / ha

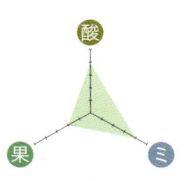

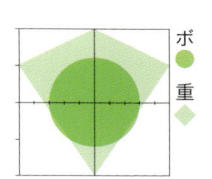

🍷 ワイン解説

一年中、北西から風が吹き抜ける畑は、見晴らしのよい丘陵にある。収穫期が遅く、雨が多いこの地域にとって、この風は重要な役割を果たす。畑の表層はわずか80cm足らずで、すぐに石灰岩盤につきあたる土壌構成。中層には大きな石灰礫が詰まり、ブドウの根は石礫の隙間をくぐり抜けて地底に向かって伸びている。

ワインには石灰質らしいフィネスがあり、細身のボディにシャープな酸が貫通。アタックから伸びやかな酸がスーッと入ってくるのがわかる。そして、その酸はミッドまでブレずにまっすぐ伸び、抜けていく。

ニオイスミレ、オレガノ、赤スグリのシャープな香りと、鮮血などの硬く張りつめた香りが相まって、細やかなタンニンがボディに肉づけされていく。

🍴 料理との相性

冷やかな酸味からローストビーフ。シャープな香りから仔羊の黒オリーヴ煮込み地中海ハーブ風味、寒ブリの山椒焼き、牛ホホ肉の柿の葉包み焼き、中国ハムの蜜煮。しっかりとした素材と調理法を選ぶが、重くならないようにすっきりと仕上げる。　★★

106 イルピーニア・カンピ・タウラジーニ
Irpinia Campi Taurasini
ペリッロ Azienda Agricola Perillo

赤

土壌　　　：粘土質、石灰質
品種　　　：アリアニコ
醸造方法　：発酵はステンレスタンクと木樽、熟成を木樽（225l）で24ヵ月間。瓶熟成は6ヵ月間。

標高　　　：500m
方位　　　：南西
仕立て方　：ラジエーラ
植樹期　　：1932〜1997年
植栽密度　：1,000〜4,000本 / ha
収量　　　：3.5t / ha

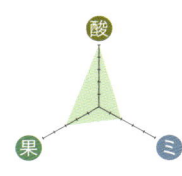

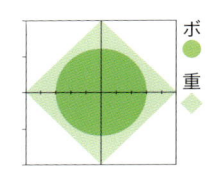

🍷 ワイン解説

南部に位置するカステルフランチは起伏の激しい山間に畑が点在する。標高が高く、涼しいため、イタリアの中でも最も遅い収穫時期を迎える。年によっては12月に入り、降雪の中で収穫することさえある。

冷涼な気候からは安定した酸が得られ、寒暖差からはブラックベリー、甘草、マラスキーノチェリーに加え、ミントやハーブの香りが生まれる。そして、厳しい寒さに耐えながら完熟したブドウは、粘土質土壌の影響もあり、凝縮した濃い色調と豊かな果実味となり、このワインの特色になっている。

一方で、シャープな輪郭で冷やかなタンニン、繊細なディテールといった面もあり、緻密さとパワーの両極端とも思える性格が共存している。厳しい寒さに耐え抜いた、強さを秘めたワイン。

🍴 料理との相性

詰まった味わいから仔鴨のソテー ブルーベリーソース、鯉こく、ビーフストロガノフ。スパイス系の香りからガチョウの香り揚げ、スペアリブの黒胡椒蒸し。しっかりとした味つけでタイトに仕上げる。　★

107 アリアニコ・デル・ヴルテュレ "エレアーノ"
Aglianico del Vulture "ELEANO"
エレアーノ Eleano

赤

土壌　　：火山性、凝灰岩質
品種　　：アリアニコ
醸造方法：発酵はステンレスタンク、熟成をステンレスタンクで6ヵ月間、その後、木樽(500l)で24ヵ月間。瓶熟成は6ヵ月間。

標高　　：600m
方位　　：南東
仕立て方：垣根式(グイヨ)
植樹期　：1972年
植栽密度：5,000本 / ha
収量　　：7.0t / ha

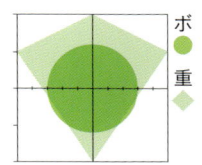

🍷 ワイン解説

　南イタリアで多く栽培されている品種、アリアニコ。カンパーニャで広く栽培されているが、歴史的にはここヴルテュレの方が古く、ティレニア海から上陸し、ここを通過してカンパーニャに伝わったと言われている。そのためカンパーニャに比べて樹齢の古い木が多い。

　通過地点になったこの土地は、アドリア海と地中海のほぼ中央に位置し、陸の孤島ともいえるほど、森とブドウ畑しかない。山岳に囲まれたこの地は、冬期には雪が降ってかなり冷え込む。ゆえに凛々しい酸と、粒の揃ったきれいなタンニンがある。

　香りはフローラルなものから、スパイス的なものまで多彩。アフターには血や、なめし革のような動物的な香りが現れるが、意外に味わいは細くすっきりとしている。厳しい気候条件で育った、静寂にして高貴なワイン。

🍴 料理との相性

野性的な香りから黒トリュフを詰めた野鳩のオーブン焼き、ネズの実を使ったイノシシの煮込み。バランスのよさから仔羊の背肉 パセリ風味、エゾ鹿のポワヴラード。しっかりとした素材を使い、香り豊かな調理法を選ぶ。　★

バジリカータ州

108 サヴート・スペリオーレ "ブリット"
Savuto Superiore "BRITTO"
コラチーノ　Colacino Wine Societa' Agricola

赤

土壌	：石灰質、片麻岩
品種	：アルヴィーニョ、グレコ・ネーロ、マリオッコ・カニーノ、ネレッロ・カプッチョ
醸造方法	：発酵はステンレスタンク、熟成もステンレスタンクで6ヵ月間、その後、40％を木樽（225l）で6ヵ月間。瓶熟成は最低6ヵ月間。

標高	：500m
方位	：南東
仕立て方	：アルベレッロ・カラブレーゼ
植樹期	：1997年
植栽密度	：3,500本 / ha
収量	：6.0t / ha

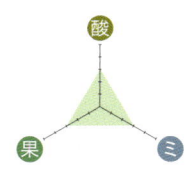

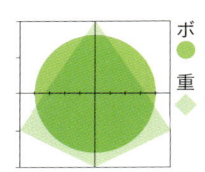

🍷 ワイン解説

　森に囲まれた涼しい高地に畑がある。風通しのよい畑には、大小さまざまな石礫が多く、ブドウの根は石の隙間を縫うように下へ伸びていく。南側に流れているサヴート川は湿度を畑に運ぶが、この水分はブドウの乾燥を防ぐだけでなく、水滴が石の隙間や表面に溜まり、ブドウの水分補給に役立つ。

　このワインには4つの土着品種が使われている。アルヴィーニョはスパイス系の香り、グレコ・ネーロはやわらかさと濃い色素、マリオッコ・カニーノは力強いタンニンとアロマ、ネレッロ・カプッチョは酸味というように、それぞれの品種の個性を生かしてブレンドされ、土地ならではのワインができる。山の気候らしい、澄んだ酸味に暴力的ともいえるゴツゴツとしたタンニン。また、南イタリアらしいスパイス的ニュアンスもある。プラム、スミレ、黒胡椒、墨汁、甘草などの香りがプラスされ、この地ならではの個性的なワインができ上がる。

🍴 料理との相性

香りのワイルドさから内臓肉のラグーソース、牛スネ肉のカカオ煮込み。余韻のやわらかさから牛タンの甘酢ソース。ざっくりしたタンニンから豚肉の豆豉辛味噌炒め。調味料を工夫したい。　★

カラブリア州

109 エトナ・ロッソ
Etna Rosso

テッレ・ネーレ Tenuta delle Terre Nere

赤

土壌　　　：火山性
品種　　　：ネレッロ・マスカレーゼ、ネレッロ・カプッチョ
醸造方法：発酵はステンレスタンク、熟成は木樽（225,500lと35hl）で12ヵ月間。

標高　　　：500〜800m
方位　　　：北
仕立て方：アルベレッロ
植樹期　：1953〜2002年
植栽密度：5,000〜7,500本/ha
収量　　　：4.0t/ha

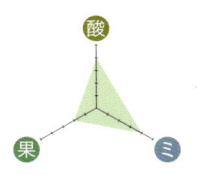

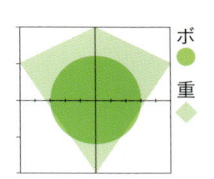

ワイン解説

今でも火山活動を続けているエトナ山。ブドウは標高1,000mを超える畑でも栽培されている。

ここはシチリアの中でも雪が降るところ。寒さを凌ぐように仕立てられた、低い高さのアルベレッロは、雨や強い日光も遮り、時には地熱を利用してブドウを完熟させる。また、東側からは雨雲がやってきて降雨をもたらし、南からは熱い風が運ばれる。このような環境においては必然的に北斜面の畑が最良なのだ。

ラズベリー、カラントなどの森の小果実香、生のグーリンペッパーのシャープな香り、透けるような涼しげな酸、粒の揃ったきめ細やかなタンニン、どれをとっても山のワインらしい緻密さと、繊細なディテールが、上品さを物語っている。厳しい気象条件から生まれる、緊張感のある優雅なワイン。

料理との相性

スパイスや鉄っぽい香りからタルタルステーキ、ウサギ肉の山椒煮、北京ダック。繊細なニュアンスからウナギの白焼き。複雑でまとまりのある味わいから仔羊のロティ。料理の素材を生かす控えめな調理法がよい。　★

シチリア州　183

⑩ エトナ・ビアンコ
Etna Bianco
アリーチェ・ボナコルシィ Azienda Agricola Alice Bonaccorsi

土壌　　：火山性、砂質
品種　　：カッリカンテ
醸造方法：発酵はステンレスタンク、熟成もステンレスタンクで14ヵ月間。瓶熟成は最低3ヵ月間。

標高　　：860m
方位　　：東
仕立て方：アルベレッロ
植樹期　：1940年
植栽密度：5,000本 / ha
収量　　：8.0t / ha

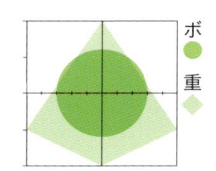

🍷 ワイン解説

エトナ山の北東側斜面の中腹に位置する畑には、北側から涼しい風が吹き込み、凛とした酸が保たれる。

現在、このカッリカンテ種は主にエトナで栽培されているが、昔はシチリア全土で栽培されていたほど、暑さに強く、また、厳しい寒さに弱い。そのため、エトナ山でも標高が低めの、よく日の当たる場所が適している。火山性土壌との相性はとてもよく、重心が低めでしっかりとした味わいになる。そして、火山性らしい軽やかさとデリケートさが加わり、上品さが生まれる。

果実系の香りよりもステンレス、火打石、カルダモン、黄色い小花などのミネラリーでスパイス的な香りが多い。その中心軸には太めの硬い酸が貫通している。シチリアらしい野太さと、エトナらしい硬さが互いに触れ合う。

🍴 料理との相性

バランス感覚のよさから肉団子の土鍋煮込み。香りの要素からズッキーニの花のフライ。ミネラリーな味わいから仔牛のカルパッチョ トリュフがけ。しっかりとした素材を組み合わせた、メリハリのある料理。　★★

⑪ ビアンコ・シチリア "レガレアーリ"
Bianco Sicilia "REGALEALI"

タスカ・ダルメリータ　Tasca d'Almerita

白

土壌　　：粘土質、砂質
品種　　：グレカニコ、アンソニカ、カタラット
醸造方法：発酵はステンレスタンク、熟成もステンレスタンクで3ヵ月間。

標高　　：650〜850m
方位　　：北東
仕立て方：垣根式（グイヨ）
植樹期　：1972年
植栽密度：4,000本 / ha
収量　　：8.5t / ha

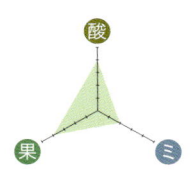

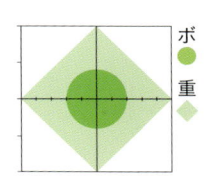

🍷 ワイン解説

　メッシーナから続くアペニン山脈の分脈の南側、シチリア島の北部中央に秘境のごとく広がる産地がある。ゆるやかな丘陵が続く、開けた地形。そして、標高が高いために冷涼な気候で、パレルモよりも平均気温が8℃近くも低く、昼夜の寒暖差は20℃にも達する。また、冬季には雪も降り、気温が氷点下になる時期も長い。このような環境からはすっきりとした酸や華やかな香りが生まれる。

　白バラ、白桃、アンズ、白胡椒、クミンなどデリケートで軽やかな香り。また、ピンッと通った酸には緊張感があり、ワインの基礎を成している。不思議なことに、この北イタリアのような栽培環境でもシチリアらしさは残っている。それは酸の質である。硬く、大きな存在感があるが、繊細さはなく、太さがある。バリエーションの多いシチリアワインの中でもとくに異色な魅力のある産地である。

🍴 料理との相性

すっきり感と軽さから香味野菜のクスクス、ムール貝のワイン蒸し、キビナゴの醤油炊き、ブロッコリーの蟹あんかけ。酸味をプラスしてカジキマグロのインヴォルティーノ。適度な厚みから帆立と黄ニラの炒め物。しっかりとした素材を使った軽い調理法を選ぶ。　★★★

シチリア州　185

112 カタラット "ポルタ・デル・ヴェント"
Catarratto "PORTA DEL VENTO"

ポルタ・デル・ヴェント Porta del Vento

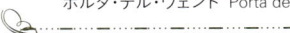

土壌　　　：砂質、石灰質
品種　　　：カタラット
醸造方法　：発酵はステンレスタンク、熟成もステンレスタンクで6ヵ月間。瓶熟成は最低6ヵ月間。

標高　　　：600m
方位　　　：北
仕立て方　：アルベレッロ
植樹期　　：1977年
植栽密度　：4,000本 / ha
収量　　　：4.0t / ha

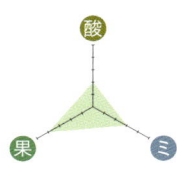

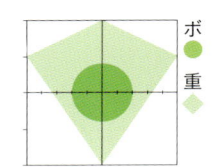

🍷 ワイン解説

パレルモから内陸に入った丘陵に畑がある。地中2mには母岩の石灰岩があり、畑のあちこちで岩肌を現している。気候は涼しく、通年、北西から冷たい風が吹き込み、昼夜の寒暖差が大きい。

この品種はシチリアの西側、標高の低い、なだらかな丘陵でも栽培されていて、ワインはマンゴやパパイアのトロピカル系の香りでたっぷりとした味わいになる。しかし、ここは標高が高く、西側の丘陵よりも2週間ほど収穫が遅いため、まったく別の表情を見せる。

グレープフルーツ、レモンなどの柑橘系の他に、山ユリ、レンゲソウなどのフローラルな香りも多い。粘性は低めで優しいニュアンスがある。このように同じ品種でも環境の違いによって、清涼感と透明感を保つ、デリケートなワインが生まれる。

🍴 料理との相性

ゆったりとした味わいから肉団子の甘酢あんかけ、キノコのオムレツ。柑橘系の香りから鶏肉のオレンジ煮、豚ロースのプラム煮込み。さらりとした味わいから鱧の梅肉和え、湯葉の卵とじ、豚バラの冷しゃぶ。素材と調理法を工夫し、ボリュームが大きくならないようにする。

★★★

⑬ ペリィコーネ "マクエ"
Perricone "MAQUÈ"

ポルタ・デル・ヴェント Porta del Vento

赤

土壌　　　：砂質、石灰質
品種　　　：ペリィコーネ
醸造方法　：発酵は大樽（50hl）、熟成も木樽で8
　　　　　　ヵ月間。瓶熟成は最低6ヵ月間。

標高　　　：400m
方位　　　：西
仕立て方　：アルベレッロ、垣根式（グイヨ）
植樹期　　：2000年
植栽密度　：4,500本 / ha
収量　　　：6.0t / ha

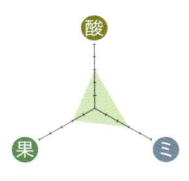

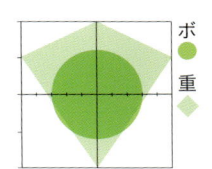

🍷 ワイン解説

　ほとんど知られていない品種、ペリィコーネ。その昔はマルサラに使われていたらしい。しかし、マルサラといえば海のワインで、マルサラ用のブドウは海岸で栽培されている。一方、この品種はシチリアの内陸部が発祥と言われており、ストーリーも謎めいている。色素はさほど多くないが、鮮やかな紫が入った色調で動物的な野性味溢れた香りがする。

　ヨード、ドライローズ、腐葉土、カカオバター、ナツメグ、ポルチーニ茸などが香る。味わいは控えめでおとなしく、糖度が上がらないため、シチリアのワインとしてはアルコールが低い。また、香りとは違う内向的な味わいがする。そしてタンニンも少なめで全体にすっきりとしたボディ。

　土壌のもつ軽やかさと、気候の涼しさから、地元の人たちはピノ・ネーロと言っているが、やや言い過ぎの感があるとしても、さして遠くもない気もする。

🍴 料理との相性

燻した香りからスモークサーモン、鶏モモ肉の照り焼き、身欠きニシン。アロマティックな香りから砂肝の黒胡椒炒め、渡り蟹の醤油漬け、ザリガニのトマトクリーム煮。香りにポイントをおきながら素材や調理法を考える。　★

シチリア州

赤

⑭ カンノナウ・ディ・サルデーニャ “ソナッツォ”

Cannonau di Sardegna “SONAZZOS”

ゴストライ Gostolai

土壌　　：石灰質、花崗岩質
品種　　：カンノナウ
醸造方法：発酵はステンレスタンク、熟成は木樽で12ヵ月間。

標高　　：350～500m
方位　　：北東
仕立て方：垣根式(コルドーネ・スペロナート)
植樹期　：1990年
植栽密度：4,000本 / ha
収量　　：6.0t / ha

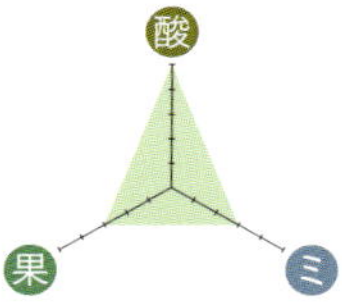

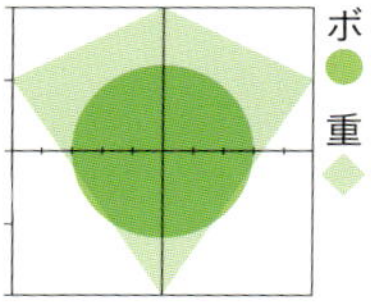

ワイン解説

サルデーニャの東側は切り立った絶壁の海岸が続いている。そして少し内陸に入ると、むき出しになった赤い岩肌が目の前に現れる。ここには海と山とが接近した険しい地形と、変化に富んだ気候がある。畑は山の影響で寒暖差が激しく、繊細な香りを生む。

カカオ、ヨード、甘草などのスパイス的な香りに、艶やかで怪しい獣的な香りが追いかける。この香りはいかにもカンノナウの秘めた魅力のひとつだ。味わいは土壌からの影響で軽やかで繊細。また、抜けるような気持ちのいい酸があり、香りの印象とはまったく違う。

カンノナウはサルデーニャ全土で栽培されているが、ここの土壌や気候はワインにメリハリを与え、他に類を見ない風格を作り出している。

料理との相性

動物的なニュアンスからエゾ鹿のカルパッチョ、イノシシの頭の煮込み ローズマリー風味、仔山羊の香草焼き。大きめのタンニンから仔羊の内臓煮込み フェンネル風味。アクの強い肉料理やスパイスを生かした料理を合わせたい。 ★

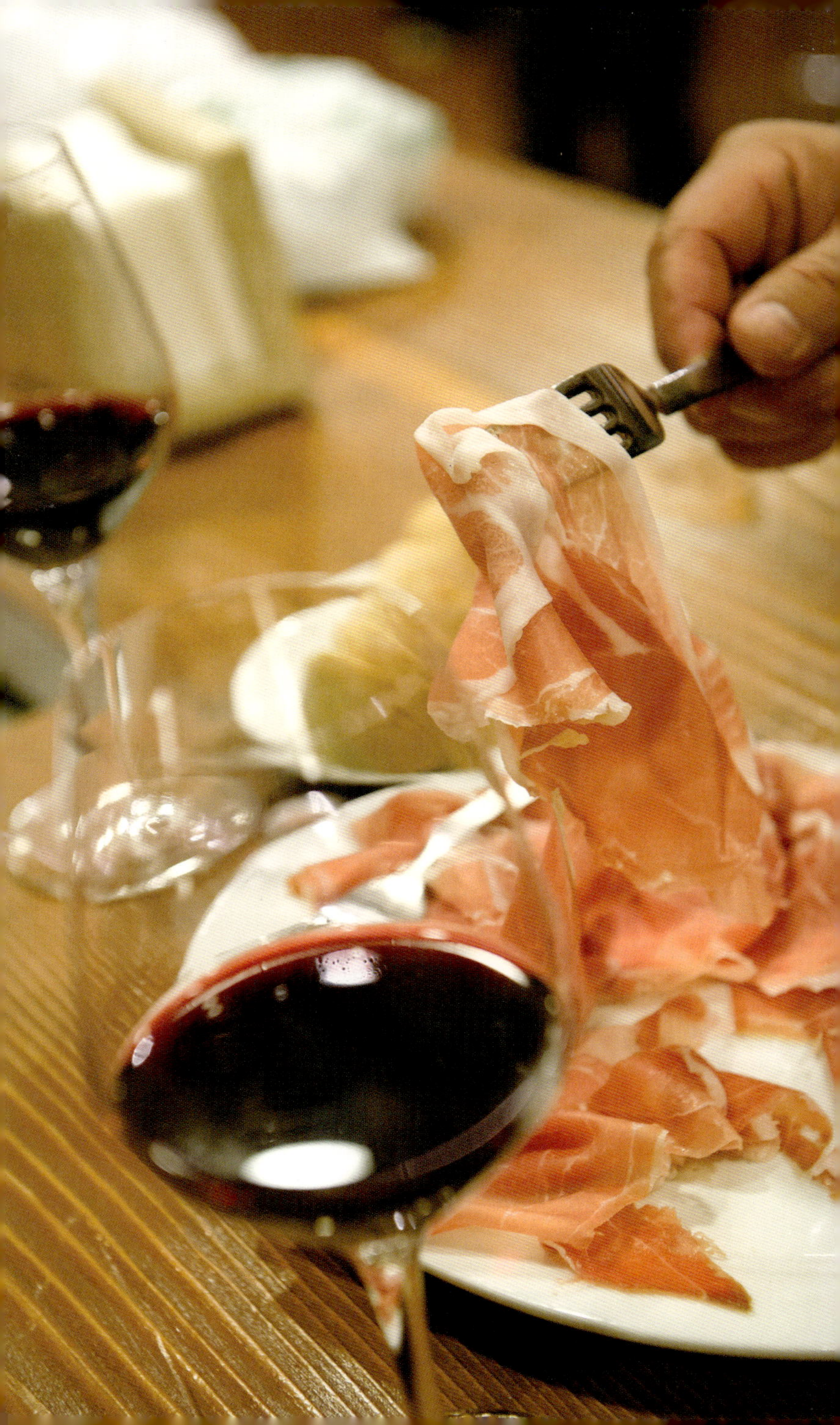

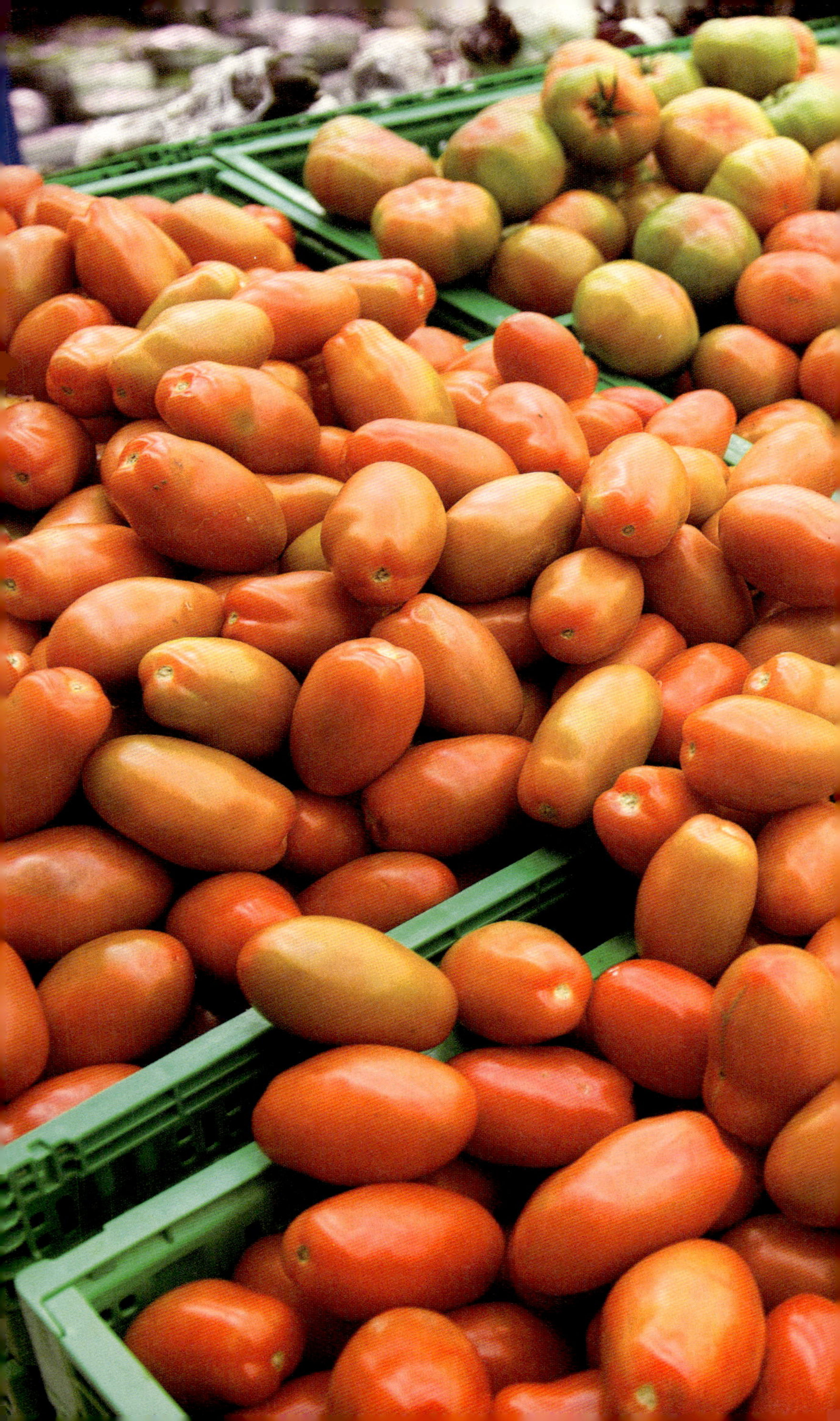

capitolo
4
イタリアワイン
Q & A

イタリアワイン Q&A

イタリアワイン概論、具体的なワイン解説に続いて、
ここでは、イタリアワインにまつわる話題や、
よりおいしくワインを飲むためのヒントをまとめた。

Q イタリアワインは難しい？

A ワインを飲み慣れている人でも、イタリアワインは難解だと言う人は多い。確かに、難しいと言われるのには理由がある。まずひとつは、ボトルに記載されている文字がワイン名なのか、生産者名なのかが分かりにくいこと。ワイン名に産地名が入っていたり、品種名が入っていたり、時には「ファンタジーネーム」と呼ばれる生産者が勝手につけた名前という場合もある。このファンタジーネームが生産者名と混同されることがしばしばある。

そして何より、イタリアワインを複雑にしている最大の原因がDOCG、DOC、IGT、VdTなど、呼称や規格でワインの品質が保証されていないことだ。フランスのブルゴーニュでは、わかりやすく村名ワインから始まり、一級畑、特級畑とランクが上がり、ワインの質もその順番に上がっていく。ところが、イタリアでは日常ワインのキアンティがいい例だが、このワインはDOCGである。本来の格付けであれば、最上級のワインでなければならないが、日本のスーパーでも1,000円前後で販売されている早飲みワインなのだ。

また、これとは逆に呼称がIGTでも、オルネッライアの マセットのように世界的に評価されている優れたワインもある。このようにイタリアワインは、呼称の格付けとワインの質が必ずしも一致しない。イタリアらしいラフな感じと言えばそれまでだが、几帳面な人には、紛らわしいと思うだけかもしれない。

　では見方を変えて、イタリアの20州ごとに分けてワインを捉えていく方法ではどうだろう。難しさが整理できるだろうか。まず、イタリア20州の、すべての州名を挙げられ、位置関係がわかる人がどのくらいいるのだろうか。もし、州の位置も名前もわからなければ、州ごとにワインを紹介されたり、解説した本を読み進んでいっても、全体のつながりをイメージできないのではないだろうか。さらに言えば、州の境界線は行政によって引かれた線引きであり、ワインの産地とはまったく関係がない。よって、ひとつの産地が、ふたつの州にまたがっていることもある。これは、どう考えてもわかりにくい。このような理由から、イタリアワインを州別に理解するのは長い道のりになってしまうという訳だ。

Q イタリアにブドウ品種が多い理由は？

A　南北イタリアが統一したのは1861年。日本でいえば幕末の頃で、それからさほど長い年月が経っていない。未だに別々の国かと思えるほど、南と北では文化も生活習慣も大きな違いがある。北の人たちは「南があるから経済がよくならない」と言い、南の人たちは「北のせいで文化がなくなる」と言う。これは大きな南北の問題だが、同じように小さな村々でさえ、自分たちの村は隣村とは違うという「カンパニリズモ」がある。カンパニリズモとは、どんなに小さな地域にも教会があり、そこには鐘楼（＝カンパニッレ）

がある。この鐘ごとに違う文化があるという意味だ。

この言葉からもわかるように、イタリアの人々は自分たちの村を誇りに思い、たとえ大学時代を大都市で過ごしたとしても、いずれは自分たちの村に戻ってくる。つまり、人であれ、ブドウ品種であれ、この小さな区域から外に出ていかない。イタリア各地に土着品種と呼ばれる伝統的に根づいたブドウ品種が多いのも、品種によっては他の土地の気候条件と合わずに広がらなかったという場合もあるが、多くは移動しない国民性と大きな関係がある。

また、これはイタリアの郷土料理も同様で、ワインと同じくその土地にある食材を使って料理が生まれ、進化し、それぞれの土地でしか味わえない郷土料理の伝統が伝承されている。例えば、同じエミリア＝ロマーニャのトルテッリーニでも、ボローニャではモルタデッラを入れ、リミニではレモンピールを入れるなど、ソースも含めて大きな違いがあり、料理名も違う。このようにイタリアではワインや料理などが、ほとんど他地域と文化交流しないままで残り、発展したため、小さな地域ごとに細分化され、各地に多く点在している。

Q ビオワインはおいしい？

A 有機栽培で造られるワインをビオワインというが、果たしてそのビオという名称がついていることによって味わいが変わるのか、といえば、そうとも言えない。ひとつの農法である有機農法は、化学肥料を使用せずに鶏糞や腐葉土などの自然肥料を使い、ブドウ栽培を行なう。この農法の発展系としてルドルフ・シュタイナーが発案したバイオダイナミック農法（ビオディナミ）がある。これは月の満ち欠けのカレンダーに基づいて農作業が行なわれ、耕作機械を使わずに馬やロバを使い、肥料も独自で決められたものを、決め

られた日に散布する、一種の宗教的な農法といえる。いずれにしても自然のサイクルに逆らわず、ナチュラルに行なわれる農法なので環境全般にとってはよいに違いない。

では、これらの農法で造られるワインはおいしいのか、というと、別の話になる。ブラインドでテイスティングすると、これらのワインには独特の奥深い味わいや二重奏を奏でるような香り、また、後香には動物的なニュアンスがあり、興味深いワインがたくさんある。しかし、中には腐敗臭や揮発酸が多すぎてワインとして不健全なものも多く見かける。とくに酸化防止剤の入っていないワインにはこのタイプが多い。つまり、感動的なワインも多々あるが、欠陥品のワインも多いということになる。ビオというのはひとつの農法にすぎないので、惑わされずにワインを選ぶべきである。

イタリアのビオ事情がどうかといえば、実はフランスほど熱心な造り手も飲み手もいない。もちろん中には熱狂的な信者といえる人たちもいるが、ワインが日常化しているイタリアでは、逆にビオであろうとなかろうと、ワインはワインであるという、シンプルな考え方が広く浸透しているといえる。あるいは、有機栽培で農作物を作るのは当たり前という風潮があるからかもしれない。いずれにしても、飲み手側は意識してビオのワインを選んでいない。

Q スクリューキャップとコルクの違いは？

A 瓶に詰めたワインを密封するため、一般的にコルク栓が使われている。もちろん、コルクの主な目的は密封するためだが、他にも役目がある。コルクは自然の植物から作られるため、微量の空気がコルクを通して瓶内のワインと触れる。このため長期間の瓶熟成で時間の経過とともに、ワインはゆっくりと酸化熟成していく。30年ぐらい経つと瓶

内のワインの量もわずかに減るが、これはコルクを通じてワインがゆっくりと蒸発していくからだ。

しかし、日常の中で長期熟成したワインを飲む機会はどのくらいあるだろうか。10年以上熟成しなければ飲めないワインは、全体から考えるとごくわずかだ。また、コルクはよい面ばかりではない。コルクは自然素材のため、時にはコルク臭と呼ばれる不快な匂いがワインの中に入ることがある。そうなると、ワインは台無しで香りや味わいを楽しむことができない。

近年、急速に普及しているコルクの代用品に、スクリューキャップがある。この利点は自然素材でないためコルク臭の問題がなく、また、誰にでも簡単にボトルを開けられるという利便性がある。

では、スクリューキャップとコルク、このふたつのどちらがよいのだろうか。それはワインのタイプによって選ぶべきである。長期熟成の必要なワインは通気性のあるコルクが適しているが、5年以内に飲むようなワインはスクリューキャップがよい。我々が日常飲んでいるワインのほとんどが5年以内に飲むワインだという現実をみても、リスクの少ないスクリューキャップがよいといえる。

一部のワインファンは、ワインは特別な飲み物というイメージがあり、スクリューキャップには抵抗があると言われる。中にはコルクを開けるという儀式に意味をもつと考える人たちもいるが、スクリューキャップは開けやすく、また、飲み残しても簡単に保存できるというメリットは大きい。

Q アンフォラと木樽の違いは？

A このふたつはワインの発酵や熟成に使う容器である。アンフォラとは粘土を原料とした陶製の素焼きの壺のことで、ワインの復古主義とともに、近年になって見直されてきた容器のひとつだ。アンフォラのルーツにはふたつの流れがあり、ひとつは黒海周辺のコーカサス、もうひとつがギリシャだ。この2地域はブドウ発祥の地でもあり、ワインの歴史とアンファラには密接な関係がある。

土製のアンフォラは通気性がよく、さらに遠赤外線の効果もあり、ワインに独特の風味を与える。また、容器に厚さがあるため、ワインの温度はゆっくりと推移しておだやかな味わいになる。

もう一方の木樽は、主にオーク材を使ったものが現代の主流である。木樽の歴史はアンフォラに比べると浅く、ワインの運搬用容器として北方より伝わったと考えられている。通気性はアンフォラに比べるとさらによく、ワインの酸化熟成を目的として使われる。

木樽はそれ自体の大きさの違い、木材の目の密度、トーストの仕方によって、ワインに与える影響が違う。樽の容量が大きければゆっくりと酸化が進み、バリック（225l）のように小さければ、立方に対する表面積が大きくなるので酸化熟成が早く進む。同様に、使用する木材の木目が粗ければ酸化が早く、細かければ遅い。また、トーストとは、木樽を作るために木材を燻して湾曲させる焦げめのことだが、その強さによってワインにトースト由来の香りや味わいが関与する。そして、木樽はタンニンの色素安定の役割も果たすため、ワインの色調が濃くなる。

このようにこれらふたつの容器は、単なる発酵槽や保存のための容器ではなく、それぞれに特性があり、それによってワインにいろいろな影響を及ぼす。

Q ワインをおいしく飲むために：**グラスはどう選ぶ？**

A グラス選びはとても重要である。なぜなら、グラスの形状によって、ワインの香りや味わいが変わるからだ。グラスの基本は高さと表面積にある。高さはワインの強さを調整し、表面積はワインの複雑性を増幅させる。

わかりやすい例を挙げると、ボルドーグラスは表面積よりも高さに重点がおかれている。ボルドーワインはタンニンや色素の多い、カベルネ・ソーヴィニヨンやメルロなどの品種を使い、木樽で熟成する。色もさることながら、香りも味わいも強く、インパクトがある。このようなワインは強い香りのバランスをとるために高さが必要になる。グラスに高さがあることによって、香りが立ち上るまでにいろいろな香りがバランスよく中和され、まとまるからだ。

一方、ブルゴーニュグラスは高さはそれほどでもないが、より大ぶりで表面積が大きい。ブルゴーニュワインはデリケートなピノ・ノワールの単一品種で造られる場合が多く、豊かなブーケの香りとディテールの細やかな味わいがある。このようなワインは複雑な香りが広がるように、表面積が広くなるグラスがよい。

そして、ワイングラスの体積は、ワインのボリュームと比例させる。大きなグラスでワインを飲んでおいしいと感じるためには、ボリュームの大きなワインでなければならない。要するに、ワインのサイズに合わせて、グラスを選ぶのが基本である。もし、ワインのボリュームが小さいにも関わらず、大きなグラスで飲んだ場合は、安定感が悪く、散漫な香りと味わいを感じ、スワリングする度に違う香りを感じてしまう。

つまり、グラスは大きければよいというものではなく、ワインのボリュームに合ったものを選び、強さと複雑性で形状を選ぶということだ。

Q ワインをおいしく飲むために：**理想的な温度は？**

A ワインを冷やして飲んだときと常温で飲んだときでは、香りや味わいの現れ方に大きな違いが出てくる。温度が低く、冷たい場合は酸味を強く感じ、タンニンの渋みも目立つが、温度が高くなるにしたがって、アルコールを強く感じ、甘みも現れてくる。

ワインを飲むときの温度はワインの種類だけでなく、室温の違いによっても変える必要がある。外気温が高ければ、ワインの温度も上がりやすくなり、例えば、夏に白ワインを適温でサービスしていたとしても、すぐにワインの温度は上がってきてしまう。このような場合は通常よりも低めの温度で冷やしておき、グラスの温度が上がらないように小さめのグラスを選ぶ。反対に、冬場に赤ワインを常温でサービスしてもタンニンが硬く、香りが閉じている場合は、暖房などのある温かな場所に短時間だけでも置くことが必要だが、表面積の大きなグラスに少なめに注ぐことにより、ワインの温度を上げることができる。

また、ワイン自体のバランスが悪いときにも、温度を変えることでワインのバランスを補い、おいしく飲むための手助けができる。例えば、酸味の少ないボケたワインならばやや強めに冷やして酸味を強調させる。反対にタンニンが硬く、渋みを強く感じるときには、ワインの温度を上げてやわらげるなどの方法がある。

このように飲むときの温度やグラスの違いによって、ワインの香りや味わいが変わる。ワインをよりおいしく飲むためには、サービス温度が重要になってくる。一般的には、白ワインは9℃くらい、赤ワインは14〜18℃くらいと言われているが、味わいのタイプやワインの状態によって、前後3℃くらいまでは上下してもいいだろう。ちなみに、ロゼワインは11℃前後、食前酒の発泡性ワインは7〜9℃、食後の甘口ワインは10℃前後がよい。

Q ワインをおいしく飲むために：古いワインはおいしい？

A ワインがおいしいかどうか、というのは個人の好みの違いであり、一概には言えない。しかし、一般的に若いワインはフレッシュな果実味やすっきりとした酸味を楽しむのに対して、古い（＝熟成した）ワインにはヨード、動物香、ドライフラワーなどの香りや、繊細な味わいがあり、月日が経過したワインでしか味わえない趣きや複雑さがある。

ワインをたくさん飲むようになると、経験値が上がり、ワインの熟成過程の面白さに興味をもつようになり、古いワインのおいしさにも気づくだろう。しかし、ワインはただ古ければいいという訳ではなく、気候条件のよかったヴィンテージや、よい状態で保存されているワインに限って、長期熟成によって素晴らしいワインに変化する。

逆に、気候条件の悪いヴィンテージであったり、また、高温、騒音や振動、直射日光などの悪条件下で保管されていたワインはバランスが悪く、ボディがやせ、酸化が進んで飲み頃のピークが過ぎてしまい、中には酢のようになってしまうものもある。あくまでもおいしく飲める古いワインは飲み頃が大切なのである。

では、どのくらいの時間が経過したワインを古いワインと呼ぶのだろうか。これは、それぞれのワインによっても変わってくる。例えば、キアンティ・クラッシコなどは、5年間経過するとかなりの変化がみられ、熟成感がよくわかるが、バローロやブルネッロ・ディ・モンタルチーノでは5年では短く、それほどの違いがわからない。これらのワインは最低でも10〜15年間経たないと熟成した変化が楽しめないワインが多い。

一般的に、熟成した古いワインはディスクが厚めで色調がレンガ色になり、第三香と呼ばれる熟成香が感じられる。長い間、瓶の中でゆっくりと熟成を続けて眠っていたワイン

は、抜栓すると途端に空気に触れるため、一気に酸化が始まる。このようなワインは温度変化や環境にとても敏感で、5分、10分と経過するごとに香りや味わいが変化する。

抜栓直後はワインが閉じているために、なかなか香りを探すことができないが、時間の経過とともに少しずつ開き始め、フローラル、スパイスなどのさまざまな香りが現れてくる。これらの過程を楽しめるのも古いワインならではと言える。こうしたワインは非常にデリケートで、古いヴィンテージになるほど食事と合わせるのが難しくなり、ワイン単体で楽しむのがよい。

Q ワインをおいしく飲むために：**デカンタの判断は？**

A デカンタとは、ワインをサービスする前に移し替えるガラス製の瓶のこと。また、移し替える作業をデカンタ（する）とも言う。ガラス瓶にはいろいろな形状があり、用途によって使い分ける。一般的に、デカンタに移し替える目的はワインの酸化を促すためである。しかし、それ以外にも瓶の底に溜まっている沈殿物を取り除いたり、ワインの温度を上げるためにも用いられる。

では、どのようなワインをデカンタすべきか。ワインは空気と接触させることで、瓶の中で酸欠状態だったものが目覚め、開いていく。永い眠りについていたワインが目覚めるためにデカンタは有効だが、そのためには細心の注意が必要になる。とくに古いヴィンテージのワインがそうで、一気に、激しくデカンタすると、急激に酸化が進み、すぐに緻密な味わいが落ちてしまい、朽ちてしまうことがある。

基本的に20年以上熟成させたワインは、澱などの沈殿物を取り除く目的で細めのデカンタを使い、ゆっくりと時間をかけて行なうことが肝心だ。反対に、若いヴィンテージでバ

リック樽などの小樽を使ったものは、裾の広がった大きなデカンタへ一気に注ぎ、ワインを開かせるとよい。

しかし、ここで気をつけなければならないことは、必ずしもデカンタが必要なのか、という判断だ。ワインを抜栓することにより、少ない量だがワインは空気に触れて、ゆっくりと開き始める。そのため、少人数で一本のワインをゆっくりと味わうのであれば、急いで酸化させる必要はない。とくに長期熟成をした、繊細なバローロはデカンタする必要がない。判断ができない場合はワインをグラスに注ぎ、様子をみてから、デカンタするかどうかを決めるのがよい。

Q ワインをおいしく飲むために：飲み頃を知るには？

A 価格の面から考えると、2,500円以下の安価なものは、ステンレスタンクで醸造した、フレッシュ感を楽しむ早飲み用ワインが多いため、できるだけ早く飲むのがよい。中価格帯の4,000～7,000円前後のものは、醸造方法に新樽バリックなどを使用している場合があり、ある程度熟成させて飲んだ方がおいしく飲めるワインもある。この価格帯はヴィンテージから4、5年後を目処に開けてみる。

高価格帯のワインは先述したようにバローロやブルネッロ・ディ・モンタルチーノのように呼称や産地、ヴィンテージによっても飲み頃が変わってくる。また、このようなワインの品質は購入までの保管状態にも大きく左右されるため、事前にヴィンテージの情報、販売店や輸入元の信頼性を確認してから購入するとよい。

もちろん、価格はある程度の目安でしかない。実際に抜栓した後、予想に反して若すぎて硬かったり、思っていたよりも酸化が進んでピークが過ぎている場合もあるからだ。早すぎるワインとは、樽とのバランスが悪く、ワインがまだ木樽

になじんでおらず、鋭角な酸味でタンニンが硬い状態のワインを言う。また、飲み頃が過ぎたワインとは、味わいが平坦でボディがやせており、酸味に欠け、骨格がないワインのことだ。傾向的に海のワインは早飲みのタイプが多く、山のワインは熟成できるワインが多い。

　実際のところ、ワインは抜栓してみなければわからない。とくに中価格帯以上のものは、開けてみなければ状態がわからないワインが多い。では、どのようにしたらよいかというと、気に入ったワインは2本以上を同時に購入することをおすすめする。そして、1本めを開けたときに熟成の状態をみて、2本めのワインの抜栓時期を決める。1本めですでに飲み頃に達しているのか、しばらく時間をおいた方がよいのか、この最初に開けたワインから熟成状態をつかみ、2本めのワインを開けるタイミングを考える。このように複数本のワインを同時に購入することにより、ベストな飲み頃でワインを楽しむことができる。

index

インデックス項目

- ワイン名(カタカナ)
- 生産者名(カタカナ)
- 州別ワイン名
- ワイン種別
- 品種別

  品種名に続く［　］内の数字は p.034-035の地図上の番号と対応しています。

- 味わい各要素の上位

  酸味／果実味／ミネラル感／重心／ボリューム／料理との相性

  ● = 海のワイン
  ▲ = 山のワイン

- ワイン名（欧文）
- 生産者名（欧文）

例　キアンティ・クラッシコ(ビビアーノ) **82** ……154

ワイン名　同一名称の場合、生産者名　ワイン番号(見返し地図に対応)　掲載ページ

ワイン名(カタカナ)

---- ア ----

アマローネ・デッラ・ヴァルポリチェッラ **49** ……117

アリアニコ・デル・ヴルテュレ"エレアーノ" **107** ……181

アリアニコ・デル・タブルノ **100** ……173

アルト・アディジェ・ゲヴェルツトラミナー **54** ……122

アルト・アディジェ・ピノ・ビアンコ **56** ……124

アルバーナ・ディ・ロマーニャ・セッコ"アー・エッセ" **78** ……148

イスキア・ビアンコレッラ **13** ……079

イルピーニア・カンピ・タウラジーニ(プリスコ) **105** ……179

イルピーニア・カンピ・タウラジーニ(ペリッロ) **106** ……180

イルピーニア・カンピ・タウラジーニ"カラジータ" **104** ……178

"イル・プルッチャート" **5** ……071

インゾリア **25** ……091

ヴァッレ・イサルコ・シルヴァーナ **55** ……123

ヴァルテッリーナ・スペリオーレ"マーゼル" **57** ……125

ヴァルポリチェッラ・ヴァルパンテーナ"セッコ・ベルターニ" **51** ……119

ヴァルポリチェッラ・スペリオーレ・リパッソ"カピテル・サン・ロッコ" **50** ……118

ヴィーノ・ノーヴィレ・ディ・モンテプルチアーノ **89** ……161

ヴェルディッキオ・デイ・カステッリ・ディ・イエージ・クラッシコ・スペリオーレ"ポデューム" **38** ……104

ヴェルディッキオ・ディ・マテリカ **96** ……169

ヴェルナッチャ・ディ・オリスターノ **19** ……085

ヴェルナッチャ・ディ・サン・ジミニャーノ **79** ……149

ヴェルメンティーノ・ディ・ガッルーラ"モンテオーロ" **18** ……084

エトナ・ビアンコ **110** ……184

エトナ・ロッソ **109** ……183

エルバ・アレアティコ・パッシート **9** ……075

エルバ・アンソニカ **8** ……074

エルブーチェ・ディ・カルーゾ"レ・キュズーレ" **60** ……128

オルトレポ・パヴェーゼ・ボナルダ"ギーロ・ロッソ・ディンヴェルノ" **75** ……145

------------------------ カ ------------------------

ガヴィ"ラ・メイラーナ" **73** ……143

カステル・デル・モンテ"ボロネロ" **34** ……100

カタラット"ポルタ・デル・ヴェント" **112** ……186

ガッティナーラ"サン・フランチェスコ" **59** ……127

"ガッブロ" **7** ……073

カリニャーノ・デル・スルチス"グロッタ・ロッサ" **20** ……086

カルソ・ヴィトヴスカ **42** ……108

カルソ・マルヴァジア **41** ……107

カルミニャーノ"サンタ・クリスティーナ・イン・ピッリ" **80** ……150

カンノナウ・ディ・サルデーニャ"ソナッツォ" **114** ……188

キアンティ・クラッシコ(イーゾレ・エ・オレーナ) **87** ……159

キアンティ・クラッシコ(カステッリヌッツァ) **85** ……157

キアンティ・クラッシコ(チンチョーレ) **88** ……160

キアンティ・クラッシコ(バディア・ア・コルティボーノ) **84** ……156

キアンティ・クラッシコ(ビビアーノ) **82** ……154

キアンティ・クラッシコ(モンテラポーニ) **83** ……155

キアンティ・クラッシコ"ベラルデンガ" **86** ……158

キアンティ・ルッフィナ **81** ……151

グリッロ"ビアンコ・マジョーレ" **22** ……088

グレコ・ディ・トゥーフォ **101** ……174

ゲンメ **58** ……126

コスタ・ダマルフィ・トラモンティ・ビアンコ **16** ……082

コッリ・オリエンターリ・デル・フリウリ"サクリサッシィ・ロッソ" **44** ……111

コッリ・ディ・ルーニ・ヴェルメンティーノ"コスタ・マリーナ" **3** ……069

コッリ・トルトネージ・ティモラッソ"イル・モンティーノ" **72** ……142

コッリオ・ソーヴィニョン"ロンコ・デル・メーレ" **45** ……112

コッリオ"ビアンコ・デッラ・カステッラーダ" **43** ……110

コネリアーノ・ヴァルドッビアデーネ・プロセッコ・スペリオーレ"サン・フェルモ" **46** ……113

------------------------ サ ------------------------

サーリチェ・サレンティーノ・ロッソ・リゼルヴァ"ラ・カルタ" **33** ……099

サヴート・スペリオーレ"ブリット" **108** ……182

サレンティーノ・ロザート"ミエレ" **32** ……098

サンジョヴェーゼ・ディ・ロマーニャ・スペリオーレ"レ・グリライエ" **39** ……105

ソアーヴェ・クラッシコ"レ・リーヴェ" **47** ……114

ソアーヴェ・スペリオーレ"イル・カザーレ" **48** ……115

------------------------ タ ------------------------

タウラージ"ヒストリア" **103** ……177

チェザネーゼ・デル・ピーリオ"カンポ・ノーヴォ" **98** ……171

チェラスオーロ・ディ・ヴィットリア・クラッシコ **26** ……092

チロ・ロッソ・クラッシコ **30** ……096

チンクエ・テッレ"ビアンコ・セッコ" **2** ……068

"テヌータ・カポファーロ・マルヴァジア" **21** ……087

ドルチェット・ディ・ドリアーニ"サン・ルイジ"

71 ……141
トレッビアーノ・ダブルッツォ　**36** ……102

---------------------- ナ ----------------------

ネーロ・ダーヴォラ"サンタ・チェチリア"　**27**
　……093
ノジオーラ・ドロミティ　**53** ……121

---------------------- ハ ----------------------

パッシート・ディ・ノート　**28** ……094
バルバレスコ(カステッロ・ディ・ネイヴェ)　**63**
　……131
バルバレスコ(プルデュットーリ・デル・バルバレ
　スコ)　**64** ……132
バルバレスコ"リッツィ"　**65** ……133
バルベーラ・ダスティ・スペリオーレ"ブリッコ・
　ダーニ"　**62** ……130
バローロ"ブリッコ・ボスキス"　**70** ……140
バローロ"ベルクリスティーナ"　**67** ……137
バローロ・セッラルンガ　**69** ……139
バローロ・ブルナーテ　**68** ……138
バローロ・リステ　**66** ……136
ビアンコ・シチリア"レガレアーリ"　**111**
　……185
ファーロ・スペリオーレ"ボナヴィータ"　**29**
　……095
ファランギーナ・タブルノ　**99** ……172
ファレルノ・デル・マッシコ・ビアンコ　**12**
　……078
フィアーノ"ドンナルナ"　**17** ……083
フィアーノ・ディ・アヴェリーノ　**102** ……175
フェラーリ・ブリュット　**52** ……120
フラスカティ・スペリオーレ　**11** ……077
ブラン・デ・モルジェ・エ・デ・ラ・サッレ"レイヨン"
　61 ……129
プリミティーヴォ・ディ・マンデューリア"フェリー
　ネ"　**31** ……097
ブルネッロ・ディ・モンタルチーノ(コル・ドル
　チャ)　**90** ……163
ブルネッロ・ディ・モンタルチーノ(フーガ)　**93**
　……166

ブルネッロ・ディ・モンタルチーノ(ラニャーイエ)
　92 ……165
ペコリーノ・テッレ・アクイラーネ"ジュリア"
　97 ……170
ペリィコーネ"マクエ"　**113** ……187
ボルゲリ・ヴェルメンティーノ　**4** ……070
ボルゲリ・ロッソ"ポッジオ・アイ・ジネープリ"
　6 ……072

---------------------- マ ----------------------

マルサラ・ヴェッキオフローリオ　**23** ……089
モスカート・ディ・パンテッレリア"カピール"
　24 ……090
モレッリーノ・ディ・スカンサーノ"モーリス"
　10 ……076
モンテファルコ・ロッソ・リゼルヴァ　**95**
　……168
モンテプルチアーノ・ダブルッツォ"コッレ・
　マッジョ"　**35** ……101

---------------------- ラ ----------------------

ラクリマ・クリスティ・デル・ヴェスーヴィオ・
　ビアンコ"ヴィーニャ・デル・ヴルカーノ"
　14 ……080
ラクリマ・クリスティ・デル・ヴェスーヴィオ・
　ロッソ"ヴェルサクリュム"　**15** ……081
ランブルスコ・グラスパロッサ・ディ・カステル
　ヴェートロ"モノヴィティーニョ"　**77**
　……147
ランブルスコ・ディ・ソルバーラ"ラディチェ"
　76 ……146
リヴィエラ・リグレ・ポネンテ・ピガート　**1**
　……067
レフォスコ・ダル・ペデュンコロ・ロッソ　**40**
　……106
ロッセーゼ・ディ・ドルチェアクア　**74** ……144
ロッソ・コーネロ・モロドール　**37** ……103
ロッソ・ディ・モンタルチーノ(カパンナ)　**94**
　……167
ロッソ・ディ・モンタルチーノ(ポッジオ・ディ・ソッ
　ト)　**91** ……164

生産者名（カタカナ）

―――――― ア ――――――

アッティリオ・コンティーニ **19** ……085
アリーチェ・ボナコルシィ **110** ……184
アルジェンティエーラ **6** ……072
アントニオーロ **59** ……127
アンブラ(カンパーニャ州) **13** ……079
アンブラ(トスカーナ州) **80** ……150
イーゾレ・エ・オレーナ **87** ……159
イオッパ **58** ……126
ヴァッレ・デッラカーテ **26** ……092
ヴィチェンティーニ・アゴスティーノ **48** ……115
ヴィッラ・ジャーダ **62** ……130
ヴィッラ・ドラ **14** ……080
ヴィッラ・マティルデ **12** ……078
ヴェニカ・エ・ヴェニカ **45** ……112
エットーレ・ジェルマーノ **69** ……139
エレアーノ **107** ……181
エレナ・ヴァルヒ **54** ……122
オッタヴィアーノ・ランブルスキ **3** ……069
オッデロ **68** ……138

―――――― カ ――――――

カヴァロット **70** ……140
カザーレ・デッラ・イオリア **98** ……171
カザーレ・マルケーゼ **11** ……077
カステッラーダ **43** ……110
カステッリヌッツァ **85** ……157
カステッロ・ディ・ネイヴェ **63** ……131
カタルディ・マドンナ **97** ……170
カパンナ **94** ……167
カ・ボラーニ **40** ……106
ガロフォリ **38** ……104
カンティーナ・デイ・モナチ **101** ……174
カンティーナ・テラーノ **56** ……124
カンディド **33** ……099
グアド・アル・タッソ **4, 5** ……070, 071
グラッチャーノ・デッラ・セータ **89** ……161
ゴストライ **114** ……188
コッレステファノ **96** ……169
コフェレルホフ **55** ……123
コラチーノ **108** ……182
コル・ドルチャ **90** ……163
コロンベーラ **72** ……142
コンチリス **17** ……083

―――――― サ ――――――

サン・フランチェスコ **16** ……082
サンタディ **20** ……086
ジーダリッヒ **41** ……107
スアヴィア **47** ……114
スケルク **42** ……108
セッテソーリ **25** ……091
セッラ・エ・モスカ **18** ……084
ゼルビーナ **78** ……148
ソッレンティーノ **15** ……081

―――――― タ ――――――

タスカ・ダルメリータ **21, 111**
　　……087, 185
チェチリア **8, 9** ……074, 075
チェッリ **39** ……105
チンチョーレ **88** ……160
テッレ・ネーレ **109** ……183
テッレ・ビアンケ **74** ……144
テッレ・ロッセ **1** ……067
テデスキ **50** ……118
デュエ・テッレ **44** ……111
トッレ・ザンブラ **35** ……101
トッレヴェント **34** ……100
ドメニコ・クレリコ **67** ……137
ドンナフガータ **24** ……090

―――――― ナ ――――――

ニーノ・ネグリ **57** ……125
ニコデミ **36** ……102

―――――― ハ ――――――

バディア・ア・コルティボーノ **84** ……156
バルトリニエーリ・ジャンフランコ **76** ……146
ピエトラクーパ **102** ……175

ビビアーノ **82** ……154
ファヴァーロ **60** ……128
フーガ **93** ……166
フェラーリ **52** ……120
フェルシナ **86** ……158
フラスコレ **81** ……151
プラネタ **27, 28** ……093, 094
プリスコ **105** ……179
プルデュットーリ・デル・バルバレスコ **64**
　……132
ブローリア **73** ……143
フローリオ **23** ……089
ベッケニーノ **71** ……141
ベッレンダ **46** ……113
ベリッロ **106** ……180
ベルターニ **51** ……119
ポエル・エ・サンドリ **53** ……121
ポッサ **2** ……068
ポッジオ・ディ・ソット **91** ……164
ボナヴィータ **29** ……095
ボルゴーニョ **66** ……136
ポルタ・デル・ヴェント **112, 113**
　……186, 187
ポンテ **104** ……178

---------------------- マ ----------------------

マストロベラルディーノ **103** ……177
マルティルデ **75** ……145
ミケーレ・カロ・エ・フィーリ **32** ……098
ミルジィアーデ・アンタノ・コッレアッロドーレ
95 ……168
モーリスファームス **10** ……076
モルジェ・エ・デ・ラ・サッレ **61** ……129
モレット **77** ……147
モロドール **37** ……103
モンテベローゾ **7** ……073
モンテラポーニ **83** ……155

---------------------- ラ ----------------------

ラストラ **79** ……149
ラチーミ **31** ……097
ラッロ **22** ……088
ラニャーイエ **92** ……165
リヴォルタ **99, 100** ……172, 173
リッツィ **65** ……133
リブランディ **30** ……096
ロマーノ・ダル・フォルノ **49** ……117

州別ワイン名

ヴァッレ・ダオスタ州

ブラン・デ・モルジェ・エ・デ・ラ・サッレ"レイヨン"
61 ……129

ピエモンテ州

エルバルーチェ・ディ・カルーゾ"レ・キュズーレ"
60 ……128
ガヴィ"ラ・メイラーナ" **73** ……143
ガッティナーラ"サン・フランチェスコ" **59**
……127
ゲンメ **58** ……126
コッリ・トルトネージ・ティモラッソ"イル・モンティーノ" **72** ……142
ドルチェット・ディ・ドリアーニ"サン・ルイジ"
71 ……141

バルバレスコ(カステッロ・ディ・ネイヴェ) **63**
……131
バルバレスコ(プルデュットーリ・デル・バルバレスコ) **64** ……132
バルバレスコ"リッツィ" **65** ……133
バルベーラ・ダスティ・スペリオーレ"ブリッコ・ダーニ" **62** ……130
バローロ"ブリッコ・ボスキス" **70** ……140
バローロ"ベルクリスティーナ" **67** ……137
バローロ・セッラルンガ **69** ……139
バローロ・ブルナーテ **68** ……138
バローロ・リステ **66** ……136

ロンバルディア州

ヴァルテッリーナ・スペリオーレ"マーゼル"
57 ……125

オルトレポ・パヴェーゼ・ボナルダ"ギーロ・ロッソ・ディンヴェルノ" **75** ……145

トレンティーノ＝アルト・アディジェ州

アルト・アディジェ・ゲヴェルツトラミナー **54** ……122
アルト・アディジェ・ピノ・ビアンコ **56** ……124
ヴァッレ・イサルコ・シルヴァーナ **55** ……123
ノジオーラ・ドロミティ **53** ……121
フェラーリ・ブリュット **52** ……120

フリウリ＝ヴェネツィア・ジューリア州

カルソ・ヴィトヴスカ **42** ……108
カルソ・マルヴァジア **41** ……107
コッリ・オリエンターリ・デル・フリウリ"サクリサッシィ・ロッソ" **44** ……111
コッリオ"ビアンコ・デッラ・カステッラーダ" **43** ……110
コッリオ・ソーヴィニヨン"ロンコ・デッレ・メーレ" **45** ……112
レフォスコ・ダル・ペデュンコロ・ロッソ **40** ……106

ヴェネト州

アマローネ・デッラ・ヴァルポリチェッラ **49** ……117
ヴァルポリチェッラ・ヴァルパンテーナ"セッコ・ベルターニ" **51** ……119
ヴァルポリチェッラ・スペリオーレ・リパッソ"カピテル・サン・ロッコ" **50** ……118
コネリアーノ・ヴァルドッビアデーネ・プロセッコ・スペリオーレ"サン・フェルモ" **46** ……113
ソアーヴェ・クラッシコ"レ・リーヴェ" **47** ……114
ソアーヴェ・スペリオーレ"イル・カザーレ" **48** ……115

ウンブリア州

モンテファルコ・ロッソ・リゼルヴァ **95** ……168

リグーリア州

コッリ・ディ・ルーニ・ヴェルメンティーノ"コスタ・マリーナ" **3** ……069
チンクエ・テッレ"ビアンコ・セッコ" **2** ……068
リヴィエラ・リグレ・ポネンテ・ピガート **1** ……067
ロッセーゼ・ディ・ドルチェアクア **74** ……144

エミリア＝ロマーニャ州

アルバーナ・ディ・ロマーニャ・セッコ"アー・エッセ" **78** ……148
サンジョヴェーゼ・ディ・ロマーニャ・スペリオーレ"レ・グリライエ" **39** ……105
ランブルスコ・グラスパロッサ・ディ・カステルヴェートロ"モノヴィティーニョ" **77** ……147
ランブルスコ・ディ・ソルバーラ"ラディチェ" **76** ……146

トスカーナ州

"イル・プルチャート" **5** ……071
ヴィーノ・ノーヴィレ・ディ・モンテプルチアーノ **89** ……161
ヴェルナッチャ・ディ・サン・ジミニャーノ **79** ……149
エルバ・アレアティコ・パッシート **9** ……075
エルバ・アンソニカ **8** ……074
"ガッブロ" **7** ……073
カルミニャーノ"サンタ・クリスティーナ・イン・ピッリ" **80** ……150
キアンティ・クラッシコ（イーゾレ・エ・オレーナ） **87** ……159
キアンティ・クラッシコ（カステッリヌッツァ） **85** ……157
キアンティ・クラッシコ（チンチョーレ） **88** ……160
キアンティ・クラッシコ（バディア・ア・コルティボーノ） **84** ……156
キアンティ・クラッシコ（ビビアーノ） **82** ……154
キアンティ・クラッシコ（モンテラポーニ） **83** ……155
キアンティ・クラッシコ"ベラルデンガ" **86** ……158

キアンティ・ルッフィナ **81** ……151
ブルネッロ・ディ・モンタルチーノ（コル・ドルチャ） **90** ……163
ブルネッロ・ディ・モンタルチーノ（フーガ） **93** ……166
ブルネッロ・ディ・モンタルチーノ（ラニャーイエ） **92** ……165
ボルゲリ・ヴェルメンティーノ **4** ……070
ボルゲリ・ロッソ"ポッジオ・アイ・ジネープリ" **6** ……072
モレッリーノ・ディ・スカンサーノ"モーリス" **10** ……076
ロッソ・ディ・モンタルチーノ（カパンナ） **94** ……167
ロッソ・ディ・モンタルチーノ（ポッジオ・ディ・ソット） **91** ……164

---------------- **マルケ州** ----------------

ヴェルディッキオ・デイ・カステッリ・ディ・イエージ・クラッシコ・スペリオーレ"ポデューム" **38** ……104
ヴェルディッキオ・ディ・マテリカ **96** ……169
ペコリーノ・テッレ・アクイラーネ"ジュリア" **97** ……170
ロッソ・コーネロ"モロドール" **37** ……103

---------------- **ラツィオ州** ----------------

チェザネーゼ・デル・ピーリオ"カンポ・ノーヴォ" **98** ……171
フラスカティ・スペリオーレ **11** ……077

---------------- **アブルッツォ州** ----------------

トレッビアーノ・ダブルッツォ **36** ……102
モンテプルチアーノ・ダブルッツォ"コッレ・マッジョ" **35** ……101

---------------- **カンパーニャ州** ----------------

アリアニコ・デル・タブルノ **100** ……173
イスキア・ビアンコレッラ **13** ……079
イルピーニア・カンピ・タウラジーニ（プリスコ） **105** ……179
イルピーニア・カンピ・タウラジーニ（ペリッロ） **106** ……180
イルピーニア・カンピ・タウラジーニ"カラジータ" **104** ……178
グレコ・ディ・トゥーフォ **101** ……174
コスタ・ダマルフィ・トラモンティ・ビアンコ **16** ……082
タウラージ"ヒストリア" **103** ……177
ファランギーナ・タブルノ **99** ……172
ファレルノ・デル・マッシコ・ビアンコ **12** ……078
フィアーノ・ディ・アヴェリーノ **102** ……175
フィアーノ"ドンナルナ" **17** ……083
ラクリマ・クリスティ・デル・ヴェスーヴィオ・ビアンコ"ヴィーニャ・デル・ヴルカーノ" **14** ……080
ラクリマ・クリスティ・デル・ヴェスーヴィオ・ロッソ"ヴェルサクリュム" **15** ……081

---------------- **プーリア州** ----------------

カステル・デル・モンテ"ボロネロ" **34** ……100
サーリチェ・サレンティーノ・ロッソ・リゼルヴァ"ラ・カルタ" **33** ……099
サレンティーノ・ロザート"ミエレ" **32** ……098
プリミティーヴォ・ディ・マンデューリア"フェリーネ" **31** ……097

---------------- **バジリカータ州** ----------------

アリアニコ・デル・ヴルトゥレ"エレアーノ" **107** ……181

---------------- **カラブリア州** ----------------

サヴート・スペリオーレ"ブリット" **108** ……182
チロ・ロッソ・クラッシコ **30** ……096

---------------- **シチリア州** ----------------

インゾリア **25** ……091
エトナ・ビアンコ **110** ……184
エトナ・ロッソ **109** ……183
カタラット"ポルタ・デル・ヴェント" **112** ……186
グリッロ"ビアンコ・マジョーレ" **22** ……088

チェラスオーロ・ディ・ヴィットリア・クラッシコ **26** ……092
"テヌータ・カポファーロ・マルヴァジア" **21** ……087
ネーロ・ダーヴォラ"サンタ・チェチリア" **27** ……093
パッシート・ディ・ノート **28** ……094
ビアンコ シチリア"レガレアーリ" **111** ……185
ファーロ・スペリオーレ"ボナヴィータ" **29** ……095
ペリコーネ"マクエ" **113** ……187
マルサラ・ヴェッキオフローリオ **23** ……089

モスカート・ディ・パンテッレリア"カピール" **24** ……090

---------------- **サルデーニャ州** ----------------

ヴェルナッチャ・ディ・オリスターノ **19** ……085
ヴェルメンティーノ・ディ・ガッルーラ"モンテオーロ" **18** ……084
カリニャーノ・デル・スルチス"グロッタ・ロッサ" **20** ……086
カンノナウ・ディ・サルデーニャ"ソナッツォ" **114** ……188

ワイン種別

---------------- **白発泡性** ----------------

コネリアーノ・ヴァルドッビアデーネ・プロセッコ・スペリオーレ"サン・フェルモ" **46** ……113
フェラーリ・ブリュット **52** ……120

---------------- **赤発泡性** ----------------

ランブルスコ・ディ・ソルバーラ"ラディチェ" **76** ……146
ランブルスコ・グラスパロッサ・ディ・カステルヴェートロ"モノヴィティーニョ" **77** ……147

---------------- **白** ----------------

リヴィエラ・リグレ・ポネンテ・ピガート **1** ……067
チンクエ・テッレ"ビアンコ・セッコ" **2** ……068
コッリ・ディ・ルーニ・ヴェルメンティーノ"コスタ・マリーナ" **3** ……069
ボルゲリ・ヴェルメンティーノ **4** ……070
エルバ・アンソニカ **8** ……074
フラスカティ・スペリオーレ **11** ……077
ファレルノ・デル・マッシコ ビアンコ **12** ……078
イスキア・ビアンコレッラ **13** ……079

ラクリマ・クリスティ・デル・ヴェスーヴィオ・ビアンコ"ヴィーニャ・デル・ヴルカーノ" **14** ……080
コスタ・ダマルフィ・トラモンティ・ビアンコ **16** ……082
フィアーノ"ドンナルナ" **17** ……083
ヴェルメンティーノ・ディ・ガッルーラ"モンテオーロ" **18** ……084
ヴェルナッチャ・ディ・オリスターノ **19** ……085
グリッロ"ビアンコ・マジョーレ" **22** ……088
インソリア **25** ……091
トレッビアーノ・ダブルッツォ **36** ……102
ヴェルディッキオ・デイ・カステッリ・ディ・イエージ・クラッシコ・スペリオーレ"ポデューム" **38** ……104
カルソ・マルヴァジア **41** ……107
カルソ・ヴィトウスカ **42** ……108
コッリオ"ビアンコ・デッラ・カステラーダ" **43** ……110
コッリオ・ソーヴィニヨン"ロンコ・デッレ・メーレ" **45** ……112
ソアーヴェ・クラッシコ"レ・リーヴェ" **47** ……114
ソアーヴェ・スペリオーレ"イル・カザーレ" **48** ……115
ノジオーラ・ドロミティ **53** ……121
アルト・アディジェ・ゲヴェルツトラミナー **54**

……122
ヴァッレ・イサルコ・シルヴァーナ **55** ……123
アルト・アディジェ・ピノ・ビアンコ **56** ……124
エルバルーチェ・ディ・カルーゾ"レ・キュズーレ" **60** ……128
ブラン・デ・モルジェ・エ・デ・ラ・サッレ"レイヨン" **61** ……129
コッリ・トルトネージ・ティモラッソ"イル・モンティーノ" **72** ……142
ガヴィ"ラ・メイラーナ" **73** ……143
アルバーナ・ディ・ロマーニャ・セッコ"アー・エッセ" **78** ……148
ヴェルナッチャ・ディ・サン・ジミニャーノ **79** ……149
ヴェルディッキオ・ディ・マテリカ **96** ……169
ペコリーノ・テッレ・アクイラーネ"ジュリア" **97** ……170
ファランギーナ・タブルノ **99** ……172
グレコ・ディ・トゥーフォ **101** ……174
フィアーノ・ディ・アヴェリーノ **102** ……175
エトナ・ビアンコ **110** ……184
ビアンコ・シチリア"レガレアーリ" **111** ……185
カタラット"ポルタ・デル・ヴェント" **112** ……186

-------------------- **ロゼ** --------------------

サレンティーノ・ロザート"ミエレ" **32** ……098

-------------------- **赤** --------------------

"イル・ブルッチャート" **5** ……071
ボルゲリ・ロッソ"ポッジオ・アイ・ジネープリ" **6** ……072
"ガッブロ" **7** ……073
モレッリーノ・ディ・スカンサーノ"モーリス" **10** ……076
ラクリマ・クリスティ・デル・ヴェスーヴィオ・ロッソ"ヴェルサクリウム" **15** ……081
カリニャーノ・デル・スルチス"グロッタ・ロッサ" **20** ……086
チェラスオーロ・ディ・ヴィットリア・クラッシコ **26** ……092
ネーロ・ダーヴォラ"サンタ・チェチリア" **27** ……093
ファーロ・スペリオーレ"ボナヴィータ" **29** ……095
チロ・ロッソ・クラッシコ **30** ……096
プリミティーヴォ・ディ・マンデューリア"フェリーネ" **31** ……097
サーリチェ・サレンティーノ・ロッソ・リゼルヴァ"ラ・カルタ" **33** ……099
カステル・デル・モンテ"ボロネロ" **34** ……100
モンテプルチアーノ・ダブルッツォ"コッレ・マッジョ" **35** ……101
ロッソ・コーネロ"モロドール" **37** ……103
サンジョヴェーゼ・ディ・ロマーニャ・スペリオーレ"レ・グリライエ" **39** ……105
レフォスコ・ダル・ペデュンコロ・ロッソ **40** ……106
コッリ・オリエンターリ・デル・フリウリ"サクリ サッシィ・ロッソ" **44** ……111
アマローネ・デッラ・ヴァルポリチェッラ **49** ……117
ヴァルポリチェッラ・スペリオーレ・リパッソ"カピテル・サン・ロッコ" **50** ……118
ヴァルポリチェッラ・ヴァルパンテーナ"セッコ・ベルターニ" **51** ……119
ヴァルテリーナ・スペリオーレ"マーゼル" **57** ……125
ゲンメ **58** ……126
ガッティナーラ"サン・フランチェスコ" **59** ……127
バルベーラ・ダスティ・スペリオーレ"ブリッコ・ダーニ" **62** ……130
バルバレスコ(カステッロ・ディ・ネイヴェ) **63** ……131
バルバレスコ(ブルデュットーリ・デル・バルバレスコ) **64** ……132
バルバレスコ"リッツィ" **65** ……133
バローロ・リステ **66** ……136
バローロ"ベルクリスティーナ" **67** ……137
バローロ・ブルナーテ **68** ……138
バローロ・セッラルンガ **69** ……139
バローロ"ブリッコ・ボスキス" **70** ……140
ドルチェット・ディ・ドリアーニ"サン・ルイジ" **71** ……141
ロッセーゼ・ディ・ドルチェアクア **74** ……144
オルトレポ・パヴェーゼ・ボナルダ"ギーロ・ロッソ・ディンヴェルノ" **75** ……145
カルミニャーノ"サンタ・クリスティーナ・イン・

ピッリ" **80** ……150
キアンティ・ルッフィナ **81** ……151
キアンティ・クラッシコ(ビビアーノ) **82** ……154
キアンティ・クラッシコ(モンテラポーニ) **83** ……155
キアンティ・クラッシコ(バディア・ア・コルティボーノ) **84** ……156
キアンティ・クラッシコ(カステッリヌッツァ) **85** ……157
キアンティ・クラッシコ"ペラルデンガ" **86** ……158
キアンティ・クラッシコ(イーゾレ・エ・オレーナ) **87** ……159
キアンティ・クラッシコ(チンチョーレ) **88** ……160
ヴィーノ・ノーヴィレ・ディ・モンテプルチアーノ **89** ……161
ブルネッロ・ディ・モンタルチーノ(コル・ドルチャ) **90** ……163
ロッソ・ディ・モンタルチーノ(ポッジオ・ディ・ソット) **91** ……164
ブルネッロ・ディ・モンタルチーノ(ラニャーイエ) **92** ……165
ブルネッロ・ディ・モンタルチーノ(フーガ) **93** ……166
ロッソ・ディ・モンタルチーノ(カバンナ) **94** ……167
モンテファルコ・ロッソ・リゼルヴァ **95** ……168
チェザネーゼ・デル・ピーリオ"カンポ・ノーヴォ" **98** ……171

アリアニコ・デル・タブルノ **100** ……173
タウラージ"ヒストリア" **103** ……177
イルピーニア・カンピ・タウラジーニ"カラジータ" **104** ……178
イルピーニア・カンピ・タウラジーニ(プリスコ) **105** ……179
イルピーニア・カンピ・タウラジーニ(ペリッロ) **106** ……180
アリアニコ・デル・ヴルテュレ"エレアーノ" **107** ……181
サヴート・スペリオーレ"ブリット" **108** ……182
エトナ・ロッソ **109** ……183
ペリィコーネ"マクエ" **113** ……187
カンノナウ・ディ・サルデーニャ"ソナッツォ" **114** ……188

-------------------- 白甘口 --------------------

"テヌータ・カポファーロ・マルヴァジア" **21** ……087
モスカート・ディ・パンテッレリア"カビール" **24** ……090
パッシート・ディ・ノート **28** ……094

-------------------- 赤甘口 --------------------

エルバ・アレアティコ・パッシート **9** ……075

-------------------- 酒精強化 --------------------

マルサラ・ヴェッキオフローリオ **23** ……089

品種別

-------------- **アリアニコ[40]** --------------

ラクリマ・クリスティ・デル・ヴェスーヴィオ・ロッソ"ヴェルサクルム" **15** ……081
カステル・デル・モンテ"ボロネロ" **34** ……100
アリアニコ・デル・タブルノ **100** ……173
タウラージ"ヒストリア" **103** ……177
イルピーニア・カンピ・タウラジーニ"カラジータ" **104** ……178
イルピーニア・カンピ・タウラジーニ(プリスコ) **105** ……179
イルピーニア・カンピ・タウラジーニ(ペリッロ) **106** ……180
アリアニコ・デル・ヴルテュレ"エレアーノ" **107** ……181

アルヴィーニョ

サヴート・スペリオーレ"ブリット" **108**
……182

アルバーナ[11]

アルバーナ・ディ・ロマーニャ・セッコ"アー・エッセ" **78** ……148

アレアティコ[63]

エルバ・アレアティコ・パッシート **9** ……075

アンソニカ[23]

エルバ・アンソニカ **8** ……074
インゾリア **25** ……091
ビアンコ・シチリア"レガレアーリ" **111**
……185

ヴィドヴスカ[28]

カルソ・ヴィトヴスカ **42** ……108

ヴェルディッキオ・ビアンコ[10]

ヴェルディッキオ・デイ・カステッリ・ディ・イエージ・クラッシコ・スペリオーレ"ポデューム" **38** ……104
ヴェルディッキオ・ディ・マテリカ **96** ……169

ヴェルナッチャ・ディ・オリスターノ[32]

ヴェルナッチャ・ディ・オリスターノ **19**
……085

ヴェルナッチャ・ディ・サン・ジミニャーノ[13]

ヴェルナッチャ・ディ・サン・ジミニャーノ **79**
……149

ヴェルメンテイーノ[22]

コッリ・ディ・ルーニ・ヴェルメンティーノ"コスタ・マリーナ" **3** ……069
ボルゲリ・ヴェルメンティーノ **4** ……070
ヴェルメンティーノ・ディ・ガッルーラ"モンテオーロ" **18** ……084

エルバルーチェ[8]

エルバルーチェ・ディ・カルーゾ"レ・キュズーレ" **60** ……128

カタラット[18]

マルサラ・ヴェッキオフローリオ **23** ……089
ビアンコ・シチリア"レガレアーリ" **111**
……185
カタラット"ポルタ・デル・ヴェント" **112**
……186

カッリカンテ[19]

エトナ・ビアンコ **110** ……184

カベルネ・ソーヴィニヨン

"イル・ブルッチャート" **5** ……071
ボルゲリ・ロッソ"ポッジョ・アイ・ジネープリ" **6** ……072
"ガッブロ" **7** ……073

ガリオッポ[52]

チロ・ロッソ・クラッシコ **30** ……096

カリニャーノ[56]

カリニャーノ・デル・スルチス"グロッタ・ロッサ" **20** ……086

ガルガネガ[1]

ソアーヴェ・クラッシコ"レ・リーヴェ" **47**
……114
ソアーヴェ・スペリオーレ"イル・カザーレ" **48**
……115

214 index

カンノナウ[51]

カンノナウ・ディ・サルデーニャ"ソナッツォ" **114** ……188

グリッロ[17]

グリッロ"ビアンコ・マジョーレ" **22** ……088
マルサラ・ヴェッキオフローリオ **23** ……089

グレカニコ

ビアンコ・シチリア"レガレアーリ" **111** ……185

グレコ[4]

フラスカティ・スペリオーレ **11** ……077
グレコ・ディ・トゥーフォ **101** ……174

グレラ[5]

コネリアーノ・ヴァルドッピアデーネ・プロセッコ・スペリオーレ"サン・フェルモ" **46** ……113

クロアティーナ[59]

アマローネ・デッラ・ヴァルポリチェッラ **49** ……117
オルトレポ・パヴェーゼ・ボナルダ"ギーロ・ロッソ・ディンヴェルノ" **75** ……145

コーダ・ディ・ヴォルペ[21]

ラクリマ・クリスティ・デル・ヴェスーヴィオ・ビアンコ"ヴィーニャ・デル・ヴルカーノ" **14** ……080

コルヴィーナ[46]

アマローネ・デッラ・ヴァルポリチェッラ **49** ……117
ヴァルポリチェッラ・スペリオーレ・リパッソ"カピテル・サン・ロッコ" **50** ……118
ヴァルポリチェッラ・ヴァルパンテーナ"セッコ・ベルターニ" **51** ……119

コルテーゼ[2]

ガヴィ"ラ・メイラーナ" **73** ……143

サグランティーノ[50]

モンテファルコ・ロッソ・リゼルヴァ **95** ……168

サンジョヴェーゼ[39]

モレッリーノ・ディ・スカンサーノ"モーリス" **10** ……076
サンジョヴェーゼ・ディ・ロマーニャ・スペリオーレ"レ・グリライエ" **39** ……105
カルミニャーノ"サンタ・クリスティーナ・イン・ピッリ" **80** ……150
キアンティ・ルッフィナ **81** ……151
キアンティ・クラッシコ(ビビアーノ) **82** ……154
キアンティ・クラッシコ(モンテボーニ) **83** ……155
キアンティ・クラッシコ(バディア・ア・コルティボーノ) **84** ……156
キアンティ・クラッシコ(カステッリヌッツァ) **85** ……157
キアンティ・クラッシコ"ベラルデンガ" **86** ……158
キアンティ・クラッシコ(イーゾレ・エ・オレーナ) **87** ……159
キアンティ・クラッシコ(チンチョーレ) **88** ……160
ヴィーノ・ノーヴィレ・ディ・モンテプルチアーノ **89** ……161
ブルネッロ・ディ・モンタルチーノ(コル・ドルチャ) **90** ……163
ロッソ・ディ・モンタルチーノ(ポッジオ・ディ・ソット) **91** ……164
ブルネッロ・ディ・モンタルチーノ(ラニャーイエ) **92** ……165
ブルネッロ・ディ・モンタルチーノ(フーガ) **93** ……166
ロッソ・ディ・モンタルチーノ(カパンナ) **94** ……167
モンテファルコ・ロッソ・リゼルヴァ **95** ……168
イルピーニア・カンピ・タウラジーニ"カラジータ"

104 ……178

--------- **ジビッポ**[30] ---------

モスカート・ディ・パンテッレリア"カビール"
24 ……090

--------- **シャルドネ**[35] ---------

エルバ・アンソニカ　**8** ……074
コッリオ"ビアンコ・デッラ・カステッラーダ"
43 ……110
フェラーリ・ブリュット　**52** ……120

--------- **シルヴァーナ**[37] ---------

ヴァッレ・イサルコ・シルヴァーナ　**55** ……123

--------- **スキオペッティーノ**[60] ---------

コッリ・オリエンターリ・デル・フリウリ"サクリサッシィ・ロッソ"　**44** ……111

------ **ソーヴィニヨン・ブラン**[34] ------

コッリオ"ビアンコ・デッラ・カステッラーダ"
43 ……110
コッリオ・ソーヴィニヨン"ロンコ・デッレ・メーレ"
45 ……112

--------- **チェザネーゼ・ダッフィーレ**[49] ---------

チェザネーゼ・デル・ピーリオ"カンポ・ノーヴォ"
98 ……171

--------- **ティモラッソ**[24] ---------

コッリ・トルトネージ・ティモラッソ"イル・モンティーノ"　**72** ……142

------ **トラミネル・アロマティコ**[9] ------

アルト・アディジェ・ゲヴェルツトラミナー　**54**
……122

--------- **ドルチェット**[42] ---------

ドルチェット・ディ・ドリアーニ"サン・ルイジ"
71 ……141

------ **トレッビアーノ・トスカーノ** ------

フラスカティ・スペリオーレ　**11** ……077

--------- **ネーロ・ダーヴォラ**[44] ---------

チェラスオーロ・ディ・ヴィットリア・クラッシコ
26 ……092
ネーロ・ダーヴォラ"サンタ・チェチリア"　**27**
……093

------ **ネーロ・ディ・トロイア**[61] ------

カステル・デル・モンテ"ボロネロ"　**34**
……100

--------- **ネグロアマーロ**[58] ---------

サレンティーノ・ロザート"ミエレ"　**32**
……098
サーリチェ・サレンティーノ・ロッソ・リゼルヴァ
"ラ・カルタ"　**33** ……099

--------- **ネッビオーロ**[38] ---------

ヴァルテッリーナ・スペリオーレ"マーゼル"
57 ……125
ゲンメ　**58** ……126
ガッティナーラ"サン・フランチェスコ"　**59**
……127
バルバレスコ（カステッロ・ディ・ネイヴェ）　**63**
……131
バルバレスコ（プルデュットーリ・デル・バルバレスコ）　**64** ……132
バルバレスコ"リッツィ"　**65** ……133
バローロ・リステ　**66** ……136
バローロ"ベルクリスティーナ"　**67** ……137
バローロ・ブルナーテ　**68** ……138
バローロ・セッラルンガ　**69** ……139
バローロ"ブリッコ・ボスキス"　**70** ……140

----- **ネレッロ・マスカレーゼ**[53] -----

ファーロ・スペリオーレ"ボナヴィータ" **29**
……095

エトナ・ロッソ **109** ……183

----- **ノジオーラ**[29] -----

ノジオーラ・ドロミティ **53** ……121

----- **バルベーラ**[41] -----

バルベーラ・ダスティ・スペリオーレ"ブリッコ・ダーニ" **62** ……130

----- **ビアンコレッラ**[20] -----

イスキア・ビアンコレッラ **13** ……079

コスタ・ダマルフィ・トラモンティ・ビアンコ **16**
……082

----- **ピエディロッソ**[55] -----

ラクリマ・クリスティ・デル・ヴェスーヴィオ・ロッソ"ヴェルサクリウム" **15** ……081

----- **ピガート**[27] -----

リヴィエラ・リグレ・ポネンテ・ピガート **1**
……067

----- **ピノ・グリージオ**[36] -----

コッリオ"ビアンコ・デッラ・カステッラーダ"
43 ……110

----- **ピノ・ビアンコ**[33] -----

アルト・アディジェ・ピノ・ビアンコ **56** ……124

----- **ファランギーナ**[6] -----

ファレルノ・デル・マッシコ・ビアンコ **12**
……078

ラクリマ・クリスティ・デル・ヴェスーヴィオ・ビアンコ"ヴィーニャ・デル・ヴルカーノ" **14**
……080

コスタ・ダマルフィ・トラモンティ・ビアンコ **16**
……082

ファランギーナ・タブルノ **99** ……172

----- **フィアーノ**[3] -----

フィアーノ"ドンナルナ" **17** ……083

フィアーノ・ディ・アヴェリーノ **102** ……175

----- **フラッパート**[57] -----

チェラスオーロ・ディ・ヴィットリア・クラッシコ
26 ……092

----- **ブラン・デ・モルジェ**[14] -----

ブラン・デ・モルジェ・エ・デ・ラ・サッレ"レイヨン"
61 ……129

----- **プリミティーヴォ**[43] -----

プリミティーヴォ・ディ・マンデューリア"フェリーネ" **31** ……097

----- **ペコリーノ**[15] -----

ペコリーノ・テッレ・アクイラーネ"ジュリア"
97 ……170

----- **ペリィコーネ** -----

ペリィコーネ"マクエ" **113** ……187

----- **ボスコ** -----

チンクエ・テッレ"ビアンコ・セッコ" **2** ……068

----- **ボンビーノ・ビアンコ**[12] -----

トレッビアーノ・ダブルッツォ **36** ……102

----- **マリオッコ・カニーノ**[64] -----

サヴート・スペリオーレ"ブリット" **108**
……182

品種別 217

マルヴァジア・イストリアーナ[16]

カルソ・マルヴァジア **41** ……107

マルヴァジア・ディ・リパリ[31]

"テヌータ・カポファーロ・マルヴァジア" **21**
……087

マルヴァジア・デル・ラッツォ[25]

フラスカティ・スペリオーレ **11** ……077

マルヴァジア・ネーラ

サレンティーノ・ロザート"ミエレ" **32**
……098
サーリチェ・サレンティーノ・ロッソ・リゼルヴァ
"ラ・カルタ" **33** ……099

マルヴァジア・ビアンコ・ディ・カンディア[26]

フラスカティ・スペリオーレ **11** ……077

モスカート・ビアンコ[7]

パッシート・ディ・ノート **28** ……094

モンテプルチアーノ[45]

モンテプルチアーノ・ダブルッツォ"コッレ・マッジョ" **35** ……101
ロッソ・コーネロ"モロドール" **37** ……103
サンジョヴェーゼ・ディ・ロマーニャ・スペリオーレ"レ・グリライエ" **39** ……105

ランブルスコ・グラスパロッサ[48]

ランブルスコ・グラスパロッサ・ディ・カステルヴェートロ"モノヴィティーニョ" **77**
……147

ランブルスコ・ディ・ソルバーラ[47]

ランブルスコ・ディ・ソルバーラ"ラディチェ"
76 ……146

レフォスコ・ダル・ペデュンコロ・ロッソ[54]

レフォスコ・ダル・ペデュンコロ・ロッソ **40**
……106
コッリ・オリエンターリ・デル・フリウリ"サクリサッシィ・ロッソ" **44** ……111

ロッセーゼ

ロッセーゼ・ディ・ドルチェアクア **74** ……144

味わい各要素の上位

酸味5

フェラーリ・ブリュット ▲ **52** ……120
アルト・アディジェ・ピノ・ビアンコ ▲ **56**
……124
エルバルーチェ・ディ・カルーゾ"レ・キュズーレ" ▲ **60** ……128
ブラン・デ・モルジェ・エ・デ・ラ・サッレ"レイヨン" ▲ **61** ……129
バルベーラ・ダスティ・スペリオーレ"ブリッコ・ダーニ" ▲ **62** ……130
バローロ・セッラルンガ **69** ……139
ガヴィ"ラ・メイラーナ" **73** ……143
ランブルスコ・ディ・ソルバーラ"ラディチェ" ▲

76 ……146
アルバーナ・ディ・ロマーニャ・セッコ"アー・エッセ" ▲ **78** ……148
キアンティ・ルッフィナ ▲ **81** ……151
ペコリーノ・テッレ・アクイラーネ"ジュリア" ▲ **97** ……170
グレコ・ディ・トゥーフォ ▲ **101** ……174
イルピーニア・カンピ・タウラジーニ(ペリロ) ▲ **106** ……180
カンノナウ・ディ・サルデーニャ"ソナッツォ" **114** ……188

-------------------- 酸味 4 --------------------

コスタ・ダマルフィ・トラモンティ・ビアンコ ◆ **16** ……082
モスカート・ディ・パンテッレリア"カビール" ◆ **24** ……090
パッシート・ディ・ノート ◆ **28** ……094
サレンティーノ・ロザート"ミエレ" ◆ **32** ……098
ロッソ・コーネロ"モロドール" ◆ **37** ……103
レフォスコ・ダル・ペドゥンコロ・ロッソ ◆ **40** ……106
カルソ・ヴィトヴスカ ◆ **42** ……108
コッリオ"ビアンコ・デッラ・カステッラーダ" ▲ **43** ……110
コッリオ・ソーヴィニヨン"ロンコ・デッレ・メーレ" ▲ **45** ……112
アマローネ・デッラ・ヴァルポリチェッラ ▲ **49** ……117
ヴァルポリチェッラ・スペリオーレ・リパッソ"カピテル・サン・ロッコ" ▲ **50** ……118
ヴァルポリチェッラ・ヴァルパンテーナ"セッコ・ベルターニ" ▲ **51** ……119
ノジオーラ・ドロミティ ▲ **53** ……121
ヴァッレ・イサルコ・シルヴァーナ ▲ **55** ……123
ヴァルテッリーナ・スペリオーレ"マーゼル" **57** ……125
ゲンメ ▲ **58** ……126
ガッティナーラ"サン・フランチェスコ" ▲ **59** ……127
バルバレスコ(カステッロ・ディ・ネイヴェ) ▲ **63** ……131
バルバレスコ(プルデュットーリ・デル・バルバレスコ) ▲ **64** ……132
バルバレスコ"リッツィ" ▲ **65** ……133
バローロ"ベルクリスティーナ" ▲ **67** ……137
コッリ・トルトネージ・ティモラッソ"イル・モンティーノ" ▲ **72** ……142
ヴェルナッチャ・ディ・サン・ジミニャーノ **79** ……149
キアンティ・クラッシコ(モンテラポーニ) ▲ **83** ……155
キアンティ・クラッシコ(バディア・ア・コルティボーノ) ▲ **84** ……156
キアンティ・クラッシコ(カステッリヌッツァ) ▲ **85** ……157
キアンティ・クラッシコ(チンチョーレ) ▲ **88** ……160
ブルネッロ・ディ・モンタルチーノ(ラニャーイエ) ▲ **92** ……165
ブルネッロ・ディ・モンタルチーノ(フーガ) **93** ……166
ロッソ・ディ・モンタルチーノ(カパンナ) **94** ……167
モンテファルコ・ロッソ・リゼルヴァ ▲ **95** ……168
ヴェルディッキオ・ディ・マテリカ ▲ **96** ……169
チェザネーゼ・デル・ピーリオ"カンポ・ノーヴォ" ▲ **98** ……171
イルピーニア・カンピ・タウラジーニ"カラジータ" ▲ **104** ……178
イルピーニア・カンピ・タウラジーニ(プリスコ) ▲ **105** ……179
アリアニコ・デル・ヴルトゥレ"エレアーノ" ▲ **107** ……181
エトナ・ロッソ ▲ **109** ……183
ビアンコ・シチリア"レガレアーリ" ▲ **111** ……185

-------------------- 果実味 5 --------------------

"イル・ブルッチャート" ◆ **5** ……071
"ガッポ" ◆ **7** ……073
エルバ・アンソニカ ◆ **8** ……074
モレッリーノ・ディ・スカンサーノ"モーリス" ◆ **10** ……076
モンテプルチアーノ・ダブルッツォ"コッレ・マッジョ" ◆ **35** ……101
ドルチェット・ディ・ドリアーニ"サン・ルイジ" ▲

71 ……141
ランブルスコ・グラスパロッサ・ディ・カステルヴェートロ"モノヴィティーニョ" ▲ **77** ……147
キアンティ・クラッシコ(ビビアーノ) ▲ **82** ……154

-------------------- 果実味4 --------------------

リヴィエラ・リグレ・ポネンテ・ピガート 💧 **1** ……067
コッリ・ディ・ルーニ・ヴェルメンティーノ"コスタ・マリーナ" 💧 **3** ……069
ファレルノ・デル・マッシコ・ビアンコ 💧 **12** ……078
フィアーノ"ドンナルナ" 💧 **17** ……083
カリニャーノ・デル・スルチス"グロッタ・ロッサ" 💧 **20** ……086
ネーロ・ダーヴォラ"サンタ・チェチリア" 💧 **27** ……093
チロ・ロッソ・クラッシコ 💧 **30** ……096
プリミティーヴォ・ディ・マンドゥーリア"フェリーネ" 💧 **31** ……097
コネリアーノ・ヴァルドッビアデーネ・プロセッコ・スペリオーレ"サン・フェルモ" ▲ **46** ……113
アマローネ・デッラ・ヴァルポリチェッラ ▲ **49** ……117
バルバレスコ(プルデュットーリ・デル・バルバレスコ) ▲ **64** ……132
バローロ・リステ ▲ **66** ……136
バローロ"ベルクリスティーナ" ▲ **67** ……137
バローロ・ブルナーテ ▲ **68** ……138
バローロ"ブリッコ・ボスキス" ▲ **70** ……140
オルトレポ・パヴェーゼ・ボナルダ"ギーロ・ロッソ・ディンヴェルノ" ▲ **75** ……145
アルバーナ・ディ・ロマーニャ・セッコ"アー・エッセ" ▲ **78** ……148
ヴィーノ・ノーヴィレ・ディ・モンテプルチアーノ ▲ **89** ……161
ブルネッロ・ディ・モンタルチーノ(コル・ドルチャ) ▲ **90** ……163
アリアニコ・デル・タブルノ ▲ **100** ……173
タウラージ"ヒストリア" ▲ **103** ……177
ビアンコ・シチリア"レガレアーリ" ▲ **111** ……185
カタラット"ポルタ・デル・ヴェント" ▲ **112** ……186

-------------------- ミネラル感5 --------------------

コスタ・ダマルフィ・トラモンティ・ビアンコ 💧 **16** ……082
モスカート・ディ・パンテッレリア"カビール" 💧 **24** ……090
ヴェルディッキオ・デイ・カステッリ・ディ・イエージ・クラッシコ・スペリオーレ"ポデューム" 💧 **38** ……104
カルソ・マルヴァジア 💧 **41** ……107
ソアーヴェ・クラッシコ"レ・リーヴェ" ▲ **47** ……114
ヴァルポリチェッラ・ヴァルパンテーナ"セッコ・ベルターニ" ▲ **51** ……119
アルト・アディジェ・ピノ・ビアンコ ▲ **56** ……124
キアンティ・クラッシコ(チンチョーレ) ▲ **88** ……160
ロッソ・ディ・モンタルチーノ(ポッジオ・ディ・ソット) ▲ **91** ……164
ファランギーナ・タブルノ ▲ **99** ……172

-------------------- ミネラル感4 --------------------

チンクエ・テッレ"ビアンコ・セッコ" 💧 **2** ……068
コッリ・ディ・ルーニ・ヴェルメンティーノ"コスタ・マリーナ" 💧 **3** ……069
ボルゲリ・ヴェルメンティーノ 💧 **4** ……070
"イル・プルチャート" 💧 **5** ……071
ボルゲリ・ロッソ"ポッジオ・アイ・ジネープリ" 💧 **6** ……072
フラスカティ・スペリオーレ 💧 **11** ……077
イスキア・ビアンコレッラ 💧 **13** ……079
ラクリマ・クリスティ・デル・ヴェスーヴィオ・ビアンコ"ヴィーニャ・デル・ヴルカーノ" 💧 **14** ……080
ラクリマ・クリスティ・デル・ヴェスーヴィオ・ロッソ"ヴェルサクリュム" 💧 **15** ……081
ヴェルメンティーノ・ディ・ガッルーラ"モンテオーロ" 💧 **18** ……084
カリニャーノ・デル・スルチス"グロッタ・ロッサ" 💧 **20** ……086

グリッロ"ビアンコ・マジョーレ" 💧 **22** ……088

ネーロ・ダーヴォラ"サンタ・チェチリア" 💧 **27** ……093

パッシート・ディ・ノート 💧 **28** ……094

トレッビアーノ・ダブルッツォ 🔺 **36** ……102

サンジョヴェーゼ・ディ・ロマーニャ・スペリオーレ"レ・グリライエ" 💧 **39** ……105

カルソ・ヴィトヴスカ 💧 **42** ……108

コッリオ・ソーヴィニョン"ロンコ・デッレ・メーレ" 🔺 **45** ……112

ソアーヴェ・スペリオーレ"イル・カザーレ" 🔺 **48** ……115

ノジオーラ・ドロミティ 🔺 **53** ……121

アルト・アディジェ・ゲヴェルツトラミナー **54** ……122

ヴァッレ・イサルコ・シルヴァーナ 🔺 **55** ……123

ガッティナーラ"サン・フランチェスコ" 🔺 **59** ……127

ブラン・デ・モルジェ・エ・デ・ラ・サッレ"レイヨン" 🔺 **61** ……129

バルバレスコ(カステッロ・ディ・ネイヴェ) 🔺 **63** ……131

バローロ・セッラルンガ **69** ……139

コッリ・トルトネージ・ティモラッソ"イル・モンティーノ" 🔺 **74** ……142

ヴェルナッチャ・ディ・サン・ジミニャーノ 🔺 **79** ……149

キアンティ・クラッシコ(モンテラポーニ) **83** ……155

キアンティ・クラッシコ(バディア・ア・コルティボーノ) 🔺 **84** ……156

キアンティ・クラッシコ"ベラルデンガ" 🔺 **86** ……158

キアンティ・クラッシコ(イーゾレ・エ・オレーナ) 🔺 **87** ……159

グレコ・ディ・トゥーフォ 🔺 **101** ……174

フィアーノ・ディ・アヴェリーノ 🔺 **102** ……175

イルピーニア・カンピ・タウラジーニ(プリスコ) **105** ……179

アリアニコ・デル・ヴルテュレ"エレアーノ" 🔺 **107** ……181

エトナ・ロッソ 🔺 **109** ……183

エトナ・ビアンコ 🔺 **110** ……184

---------- **重心5**（高い） ----------

コネリアーノ・ヴァルドッビアデーネ・プロセッコ・スペリオーレ"サン・フェルモ" 🔺 **46** ……113

フェラーリ・ブリュット 🔺 **52** ……120

---------- **重心4**（やや高い） ----------

ボルゲリ・ロッソ"ポッジオ・アイ・ジネープリ" **6** ……072

フラスカティ・スペリオーレ 💧 **11** ……077

ラクリマ・クリスティ・デル・ヴェスーヴィオ・ロッソ"ヴェルサクリウム" 💧 **15** ……081

コスタ・ダマルフィ・トラモンティ・ビアンコ 💧 **16** ……082

パッシート・ディ・ノート 💧 **28** ……094

ロッソ・コーネロ"モロドール" 💧 **37** ……103

ヴェルディッキオ・デイ・カステッリ・ディ・イエージ・クラッシコ・スペリオーレ"ポデューム" 💧 **38** ……104

サンジョヴェーゼ・ディ・ロマーニャ・スペリオーレ"レ・グリライエ" 💧 **39** ……105

コッリ・オリエンターリ・デル・フリウリ"サクリサッシィ・ロッソ" 🔺 **44** ……111

コッリオ・ソーヴィニョン"ロンコ・デッレ・メーレ" 🔺 **45** ……112

ソアーヴェ・スペリオーレ"イル・カザーレ" 🔺 **48** ……115

ヴァルポリチェッラ・ヴァルパンテーナ"セッコ・ベルターニ" 🔺 **51** ……119

アルト・アディジェ・ピノ・ビアンコ 🔺 **56** ……124

ガッティナーラ"サン・フランチェスコ" 🔺 **59** ……127

エルバルーチェ・ディ・カルーゾ"レ・キュズーレ" 🔺 **60** ……128

ブラン・デ・モルジェ・エ・デ・ラ・サッレ"レイヨン" 🔺 **61** ……129

バルベーラ・ダスティ・スペリオーレ"ブリッコ・ダーニ" 🔺 **62** ……130

バルバレスコ(カステッロ・ディ・ネイヴェ) 🔺 **63** ……131

バルバレスコ"リッツィ" 🔺 **65** ……133

バローロ・リステ 🔺 **66** ……136

バローロ・セッラルンガ 🔺 **69** ……139

ドルチェット・ディ・ドリアーニ"サン・ルイジ" 🔺

味わい各要素の上位

71 ……141
コッリ・トルトネージ・ティモラッソ"イル・モンティーノ" ▲ **72** ……142
ガヴィ"ラ・メイラーナ" ▲ **73** ……143
カルミニャーノ"サンタ・クリスティーナ・イン・ピッリ" ▲ **80** ……150
キアンティ・ルフィナ ▲ **81** ……151
キアンティ・クラッシコ(モンテラポーニ) ▲ **83** ……155
キアンティ・クラッシコ(バディア・ア・コルティボーノ) ▲ **84** ……156
キアンティ・クラッシコ(カステッリヌッツァ) ▲ **85** ……157
キアンティ・クラッシコ(チンチョーレ) ▲ **88** ……160
ロッソ・ディ・モンタルチーノ(ポッジオ・ディ・ソット) ▲ **91** ……164
ブルネッロ・ディ・モンタルチーノ(ラニャーイエ) ▲ **92** ……165
ヴェルディッキオ・ディ・マテリカ **96** ……169
グレコ・ディ・トゥーフォ ▲ **101** ……174
イルピーニア・カンピ・タウラジーニ(プリスコ) ▲ **105** ……179
アリアニコ・デル・ヴルトゥレ"エレアーノ" **107** ……181
エトナ・ロッソ ▲ **109** ……183
カタラット"ポルタ・デル・ヴェント" ▲ **112** ……186
ペリコーネ"マクエ" ▲ **113** ……187
カンノナウ・ディ・サルデーニャ"ソナッツォ" ▲ **114** ……188

---------- **重心2**(やや低い) ----------

チンクエ・テッレ"ビアンコ・セッコ" ♦ **2** ……068
モレッリーノ・ディ・スカンサーノ"モーリス" ♦ **10** ……076
ファレルノ・デル・マッシコ・ビアンコ ♦ **12** ……078
イスキア・ビアンコレッラ ♦ **13** ……079
ラクリマ・クリスティ・デル・ヴェスーヴィオ・ビアンコ"ヴィーニャ・デル・ヴルカーノ" ♦ **14** ……080
フィアーノ"ドンナルナ" ♦ **17** ……083
カリニャーノ・デル・スルチス"グロッタ・ロッサ" ♦ **20** ……086
"テヌータ・カポファーロ・マルヴァジア" ♦ **21** ……087
グリッロ"ビアンコ・マジョーレ" ♦ **22** ……088
マルサラ・ヴェッキオフローリオ ♦ **23** ……089
ネーロ・ダーヴォラ"サンタ・チェチリア" **27** ……093
ファーロ・スペリオーレ"ボナヴィータ" ♦ **29** ……095
プリミティーヴォ・ディ・マンドゥーリア"フェリーネ" ♦ **31** ……097
カステル・デル・モンテ"ボロネロ" ♦ **34** ……100
モンテプルチアーノ・ダブルッツォ"コッレ・マッジョ" ♦ **35** ……101
トレッビアーノ・ダブルッツォ **36** ……102
カルソ・マルヴァジア ♦ **41** ……107
コッリオ"ビアンコ・デッラ・カステッラーダ" ▲ **43** ……110
ノジオーラ・ドロミティ ▲ **53** ……121
アルト・アディジェ・ゲヴュルツトラミネール ▲ **54** ……122
バローロ"ブリッコ・ボスキス" ▲ **70** ……140
オルトレポ・パヴェーゼ・ボナルダ"ギーロ・ロッソ・ディンヴェルノ" ▲ **75** ……145
アルバーナ・ディ・ロマーニャ・セッコ"アー・エッセ" ▲ **78** ……148
キアンティ・クラッシコ(ビビアーノ) ▲ **82** ……154
キアンティ・クラッシコ"ベラルデンガ" ▲ **86** ……158
キアンティ・クラッシコ(イーゾレ・エ・オレーナ) ▲ **87** ……159
ヴィーノ・ノービレ・ディ・モンテプルチアーノ ▲ **89** ……161
ブルネッロ・ディ・モンタルチーノ(コル・ドルチャ) ▲ **90** ……163
モンテファルコ・ロッソ・リゼルヴァ **95** ……168
ファランギーナ・タブルノ ▲ **99** ……172
アリアニコ・デル・タブルノ ▲ **100** ……173
サヴート・スペリオーレ"ブリット" **108** ……182
エトナ・ビアンコ ▲ **110** ……184

------- 重心1(低い) -------

ヴェルナッチャ・ディ・オリスターノ ● **19** ……085

レフォスコ・ダル・ペドゥンコロ・ロッソ ● **40** ……106

------- ボリューム5、4(大きい) -------

"ガッブロ" ● **7** ……073

ヴェルナッチャ・ディ・オリスターノ ● **19** ……085

マルサラ・ヴェッキオフローリオ ● **23** ……089

ネーロ・ダーヴォラ"サンタ・チェチリア" ● **27** ……093

アマローネ・デッラ・ヴァルポリチェッラ ▲ **49** ……117

バローロ・リステ ▲ **66** ……136

ブルネッロ・ディ・モンタルチーノ(ラニャーイエ) ▲ **92** ……165

"イル・ブルチャート" ● **5** ……071

ラクリマ・クリスティ・デル・ヴェスーヴィオ・ロッソ"ヴェルサクリウム" ● **15** ……081

フィアーノ"ドンナルナ" ● **17** ……083

ヴェルメンティーノ・ディ・ガッルーラ"モンテオーロ" ● **18** ……084

"テヌータ・カポファーロ・マルヴァジア" ● **21** ……087

チェラスオーロ・ディ・ヴィットリア・クラッシコ ● **26** ……092

ファーロ・スペリオーレ"ボナヴィータ" ● **29** ……095

サーリチェ・サレンティーノ・ロッソ・リゼルヴァ"ラ・カルタ" ● **33** ……099

モンテプルチアーノ・ダブルッツォ"コッレ・マッジョ" ● **35** ……101

ヴェルディッキオ・デイ・カステッリ・ディ・イエージ・クラッシコ・スペリオーレ"ポデューム" ● **38** ……104

ヴァルポリチェッラ・スペリオーレ・リパッソ"カピテル・サン・ロッコ" ▲ **50** ……118

アルト・アディジェ・ゲヴェルツトラミナー ▲ **54** ……122

ヴァルテッリーナ・スペリオーレ"マーゼル" ▲ **57** ……125

バルベーラ・ダスティ・スペリオーレ"ブリッコ・ダーニ" ▲ **62** ……130

バローロ"ペルクリスティーナ" ▲ **67** ……137

バローロ・セッラルンガ ▲ **69** ……139

バローロ"ブリッコ・ボスキス" ▲ **70** ……140

コッリ・トルトネージ・ティモラッソ"イル・モンティーノ" ▲ **72** ……142

アルバーナ・ディ・ロマーニャ・セッコ"アー・エッセ" ▲ **78** ……148

キアンティ・クラッシコ(バディア・ア・コルティボーノ) ▲ **84** ……156

キアンティ・クラッシコ"ベラルデンガ" ▲ **86** ……158

キアンティ・クラッシコ(チンチョーレ) ▲ **88** ……160

ブルネッロ・ディ・モンタルチーノ(コル・ドルチャ) ▲ **90** ……163

サヴート・スペリオーレ"ブリット" ▲ **108** ……182

------- ボリューム1、2(小さい) -------

リヴィエラ・リグレ・ポネンテ・ピガート ● **1** ……067

エルバ・アンソニカ ● **8** ……074

エルバ・アレアティコ・パッシート ● **9** ……075

フラスカティ・スペリオーレ ● **11** ……077

ファレルノ・デル・マッシコ・ビアンコ ● **12** ……078

イスキア・ビアンコレッラ ● **13** ……079

ラクリマ・クリスティ・デル・ヴェスーヴィオ・ビアンコ"ヴィーニャ・デル・ヴルカーノ" ● **14** ……080

グリッコ"ビアンコ・マジョーレ" ● **22** ……088

インソリア ● **25** ……091

サレンティーノ・ロザート"ミエレ" ● **32** ……098

トレッビアーノ・ダブルッツォ ● **36** ……102

コネリアーノ・ヴァルドッビアデーネ・プロセッコ・スペリオーレ"サン・フェルモ" ● **46** ……113

ソアーヴェ・スペリオーレ"イル・カザーレ" ▲ **48** ……115

ノジオーラ・ドロミティ ▲ **53** ……121

味わい各要素の上位 **223**

ヴァッレ・イサルコ・シルヴァーナ ▲ **55** ……123

エルバルーチェ・ディ・カルーゾ"レ・キュズーレ" ▲ **60** ……128

ガヴィ"ラ・メイラーナ" ▲ **73** ……143

ロッセーゼ・ディ・ドルチェアクア ▲ **74** ……144

ランブルスコ・ディ・ソルバーラ"ラディチェ" ▲ **76** ……146

ヴェルナッチャ・ディ・サン・ジミニャーノ ▲ **79** ……149

ロッソ・ディ・モンタルチーノ(カパンナ) ▲ **94** ……167

ヴェルディッキオ・ディ・マテリカ ▲ **96** ……169

ペコリーノ・テッレ・アクイラーネ"ジュリア" ▲ **97** ……170

フィアーノ・ディ・アヴェリーノ ▲ **102** ……175

イルピーニア・カンピ・タウラジーニ"カラジータ" ▲ **104** ……178

ビアンコ・シチリア"レガレアーリ" ▲ **111** ……185

カタラット" ポルタ・デル・ヴェント" ▲ **112** ……186

ブラン・デ・モルジェ・エ・デ・ラ・サッレ"レイヨン" ▲ **61** ……129

料理との相性3
（合わせやすい）

リヴィエラ・リグレ・ポネンテ・ピガート ◆ **1** ……067

チンクエ・テッレ"ビアンコ・セッコ" ◆ **2** ……068

ボルゲリ・ヴェルメンティーノ ◆ **4** ……070

エルバ・アンソニカ ◆ **8** ……074

モレッリーノ・ディ・スカンサーノ"モーリス" ◆ **10** ……076

フラスカティ・スペリオーレ ◆ **11** ……077

ファレルノ・デル・マッシコ・ビアンコ ◆ **12** ……078

イスキア・ビアンコレッラ ◆ **13** ……079

ラクリマ・クリスティ・デル・ヴェスーヴィオ・ビアンコ"ヴィーニャ・デル・ヴルカーノ" ◆ **14** ……080

コスタ・ダマルフィ・トラモンティ・ビアンコ ◆ **16** ……082

フィアーノ"ドンナルナ" ◆ **17** ……083

グリッロ"ビアンコ・マジョーレ" ◆ **22** ……088

インゾリア ◆ **25** ……091

サレンティーノ・ロザート"ミエレ" ◆ **32** ……098

コネリアーノ・ヴァルドッビアデーネ・プロセッコ・スペリオーレ"サン・フェルモ" ▲ **46** ……113

フェラーリ・ブリュット ▲ **52** ……120

ノジオーラ・ドロミティ ▲ **53** ……121

ヴァッレ・イサルコ・シルヴァーナ ▲ **55** ……123

ゲンメ ▲ **58** ……126

エルバルーチェ・ディ・カルーゾ"レ・キュズーレ" ▲ **60** ……128

ブラン・デ・モルジェ・エ・デ・ラ・サッレ"レイヨン" ▲ **61** ……129

ドルチェット・ディ・ドリアーニ"サン・ルイジ" ▲ **71** ……141

ランブルスコ・ディ・ソルバーラ"ラディチェ" ▲ **76** ……146

キアンティ・クラッシコ(カステッリヌッツァ) ▲ **85** ……157

キアンティ・クラッシコ(イーゾレ・エ・オレーナ) ▲ **87** ……159

ヴェルディッキオ・ディ・マテリカ ▲ **96** ……169

フィアーノ・ディ・アヴェリーノ ▲ **102** ……175

イルピーニア・カンピ・タウラジーニ"カラジータ" ▲ **104** ……178

ビアンコ・シチリア"レガレアーリ" ▲ **111** ……185

カタラット" ポルタ・デル・ヴェント" ▲ **112** ……186

Vino ワイン名(欧文)

Aglianico del Taburno **100** ……173
Aglianico del Vulture"ELEANO" **107** ……181
Albana di Romagna Secco"AS" **78** ……148
Alto Adige Gewürztraminer **54** ……122
Alto Adige Pinot Bianco **56** ……124
Amarone della Valpolicella **49** ……117
Barbaresco(Castello di Neive) **63** ……131
Barbaresco(Produttori del Barbaresco) **64** ……132
Barbaresco"RIZZI" **65** ……133
Barbera d'Asti Superiore"BRICCO DANI" **62** ……130
Barolo"BRICCO BOSCHIS" **70** ……140
Barolo Brunate **68** ……138
Barolo Liste **66** ……136
Barolo"PERCRISTINA" **67** ……137
Barolo Serralunga **69** ……139
Bianco Sicilia "REGALEALI" **111** ……185
Blanc de Morgex et de la Salle "RAYON" **61** ……129
Bolgheri Rosso"POGGIO AI GINEPURI" **6** ……072
Bolgheri Vermentino **4** ……070
Brunello di Montalcino(Col d'Orcia) **90** ……163
Brunello di Montalcino(Le Ragnaie) **92** ……165
Brunello di Montalcino(Tenuta Le Fuga) **93** ……166
Cannonau di Sardegna"SONAZZOS" **114** ……188
Carignano del Sulcis"GROTTA ROSSA" **20** ……086
Carmignano"SANTA CRISTINA IN PILLI" **80** ……150
Carso Malvasia **41** ……107
Carso Vitovska **42** ……108

Castel del Monte"BOLONERO" **34** ……100
Catarratto"PORTA DEL VENTO" **112** ……186
Cerasuolo di Vittoria Classico **26** ……092
Cesanese del Piglio"CAMPO NOVO" **98** ……171
Chianti Classico(Azineda Le Cinciole) **88** ……160
Chianti Classico(Badia a Coltibuono) **84** ……156
Chianti Classico"BERARDENGA" **86** ……158
Chianti Classico(Bibbiano) **82** ……154
Chianti Classico(Isole e Olena) **87** ……159
Chianti Classico(Monteraponi) **83** ……155
Chianti Classico(Podere Castellinuzza) **85** ……157
Chianti Ruffina **81** ……151
Cinque Terre"BIANCO SECCO" **2** ……068
Ciro Rosso Classico **30** ……096
Colli di Luni Vermentino"COSTA MARINA" **3** ……069
Colli Orientali del Friuli"SACRISASSI ROSSO" **44** ……111
Colli Tortonesi Timorasso"IL MONTINO" **72** ……142
Collio"BIANCO DELLA CASTELLADA" **43** ……110
Collio Sauvignon"RONCO DELLE MELE" **45** ……112
Conegliano Valddobbiadene Prosecco Superiore"SAN FERMO" **46** ……113
Costa d'Amalfi Tramonti Bianco **16** ……082
Dolcetto di Dogliani"SAN LUIJI" **71** ……141
Elba Aleatico Passito **9** ……075

Elba Ansonica **8** ·······074
Erbaluce di Caluso "LE CHIUSURE" **60** ·······128
Etna Bianco **110** ·······184
Etna Rosso **109** ·······183
Falanghina Taburno **99** ·······172
Falerno del Massico Bianco **12** ·······078
Faro Superiore"BONAVITA" **29** ·······095
Ferrari Brut **52** ·······120
Fiano di Avellino **102** ·······175
Fiano"DONNALUNA" **17** ·······083
Frascati Superiore **11** ·······077
"GABBRO" **7** ·······073
Gattinara"SAN FRANCESCO" **59** ·······127
Gavi"LA MEIRANA" **73** ·······143
Ghemme **58** ·······126
Greco di Tufo **101** ·······174
Grillo"BIANCO MAGGIORE" **22** ·······088
"IL BRUCIATO" **5** ·······071
Inzolia **25** ·······091
Irpinia Campi Taurasini(Azienda Agricola Perillo) **106** ·······180
Irpinia Campi Taurasini(Azienda Vitivinicola Di Prisco) **105** ·······179
Irpinia Campi Taurasini"CARAZITA" **104** ·······178
Ischia Biancolella **13** ·······079
Lacryma Christi del Vesuvio Bianco "VIGNA DEL VULCANO" **14** ·······080
Lacryma Christi del Vesuvio Rosso" VERSACRUM" **15** ·······081
Lambrusco di Sorbara"LADICE" **76** ·······146
Lambrusco Grasparossa di Castelvetro"MONOVITIGNO" **77** ·······147
Marsala Vecchioflorio **23** ·······089
Montefalco Rosso Riserva **95** ·······168
Montepulciano d'Abruzzo"COLLE MAGGIO" **35** ·······101

Morellino di Scansano"MORIS" **10** ·······076
Moscato di Pantelleria "KABIR" **24** ·······090
Nero d'Avola"SANTA CECILIA" **27** ·······093
Nosiola Dolomiti **53** ·······121
Oltrepo' Pavese Bonarda "GHIRO ROSSO D'INVERNO" **75** ·······145
Passito di Noto **28** ·······094
Pecorino Terre Aquilane"GIULIA" **97** ·······170
Perricone"MAQUÈ" **113** ·······187
Primitivo di Manduria"FELLINE" **31** ·······097
Refosco dal Peduncolo Rosso **40** ·······106
Riviera Ligure Ponente Pogato **1** ·······067
Rossese di Dolceacqua **74** ·······144
Rosso Conero"MORODER" **37** ·······103
Rosso di Montalcino(Capanna) **94** ·······167
Rosso di Montalcino(Poggio di Sotto) **91** ·······164
Salentino Rosato"MJÈRE" **32** ·······098
Salice Salentino Rosso Riserva"LA CARTA" **33** ·······099
Sangiovese di Romagna superiore"LE GRILLAIE" **39** ·······105
Savuto Superiore"BRITTO" **108** ·······182
Soave Classico"LE RIVE" **47** ·······114
Soave Superiore"IL CASALE" **48** ·······115
Taurasi"HISTORIA" **103** ·······177
"TENUTA CAPOFARO MALVASIA" **21** ·······087
Trebbiano d'Abruzzo **36** ·······102
Valle Isarco Sylvaner **55** ·······123
Valpolicella Superiore Ripasso "CAPITEL SAN ROCCO" **50** ·······118
Valpolicella Valpantena"SECCO BERTANI" **51** ·······119

Valtellina Superiore"MAZÉR" **57** ……125
Verdicchio dei Castelli di Jesi Classico Superiore"PODIUM" **38** ……104
Verdicchio di Matelica **96** ……169
Vermentino di Gallura"MONTEORO" **18** ……084
Vernaccia di Oristano **19** ……085
Vernaccia di San Gimignano **79** ……149
Vino Nobile di Montepulciano **89** ……161

Produttore 生産者名(欧文)

---------- A ----------

Azienda Agricola **Alice Bonaccorsi** **110** ……184
D'**Ambra** vino d'Ischia **13** ……079
Fattoria **Ambra** **80** ……150
Azienda Agricola **Antoniolo** **59** ……127
Argentiera **6** ……072
Azienda Vinicola **Attilio Contini** **19** ……085

---------- B ----------

Badia a Coltibuono **84** ……156
Bellenda **46** ……113
Bertani **51** ……119
Bibbiano **82** ……154
Azienda Agricola **Bonavita** **29** ……095
Borgogno **66** ……136
Azienda Agricola **Broglia** **73** ……143

---------- C ----------

Tenuta **Ca' Bolani** **40** ……106
Azienda Vitivinicola Francesco **Candido** **33** ……099
Cantina dei Monaci **101** ……174
Cantina Terano **56** ……124
Capanna **94** ……167
Casale della Ioria **98** ……171
Casale Marchese **11** ……077
La **Castellada** **43** ……110
Podere **Castellinuzza** **85** ……157
Castello di Neive **63** ……131
Cataldi Madonna **97** ……170
Cavallotto **70** ……140
Azienda Agricola **Cecilia** **8, 9** ……074, 075
Celli Societa à Agricola di Sirri&Casadei **39** ……105
Azineda Le **Cinciole** **88** ……160
Col d'Orcia **90** ……163
Colacino Wine Societa' Agricola **108** ……182
Collestefano Azienda Vitivinicola di Marchionni Fabio **96** ……169
La **Colombera** **72** ……142
Viticoltori De **Concilis** **17** ……083

---------- D ----------

Domenico Clerico Azienda Agricola **67** ……137
Tenuta di **Donnafugata** **24** ……090
Le **Due Terre** **44** ……111

---------- E ----------

Eleano **107** ……181
Elena Walch **54** ……122
Ettore Germano **69** ……139

---------- F ----------

Azienda Bennito **Favaro** **60** ……128
Fattoria di **Felsina** **86** ……158

Ferrari F.lli Lunelli **52** ······120
Cantina **Florio** **23** ······089
Frascole **81** ······151
Tenuta Le **Fuga** **93** ······166

---------- **G** ----------

Casa Vinicola Gioacchino **Garofoli** **38** ······104
Gostolai **114** ······188
Tenuta di **Gracciano della Seta** **89** ······161
Tenuta **Guado al Tasso** **4, 5** ······070, 071

---------- **I** ----------

Azienda Agricola **Ioppa** **58** ······126
Isole e Olena **87** ······159

---------- **K** ----------

Köfererhof **55** ······123

---------- **L** ----------

La **Lastra** **79** ······149
Librandi **30** ······096

---------- **M** ----------

Azienda Agricola **Martilde** **75** ······145
Mastroberardino **103** ······177
Michele Calò&Figli **32** ······098
Milziade Antano Colleallodole **95** ······168
Monteraponi **83** ······155
Fattoria **Moretto** **77** ······147
Cave du Vin Blanc de **Morgex et de la Salle** **61** ······129
Morisfarms **10** ······076
Moroder **37** ······103
Montepeloso **7** ······073

---------- **N** ----------

Nicodemi **36** ······102
Nino Negri **57** ······125

---------- **O** ----------

Oddero Poderi e Cantine **68** ······138
Ottaviano Lambruschi **3** ······069

---------- **P** ----------

Azienda Agricola **Paltrinieri Gianfranco** **76** ······146
Pecchenino **71** ······141
Azienda Agricola **Perillo** **106** ······180
Pietracupa **102** ······175
Planeta **27, 28** ······093, 094
Poggio di Sotto **91** ······164
Pojer&Sandri **53** ······121
Tenuta **Ponte** **104** ······178
Porta del Vento **112, 113** ······186, 187
Azienda Agricola **Possa** **2** ······068
Azienda Vitivinicola Di **Prisco** **105** ······179
Produttori del Barbaresco **64** ······132

---------- **R** ----------

Accademia dei **Racemi** **31** ······097
Le **Ragnaie** **92** ······165
Cantina **Rallo** **22** ······088
Fattoria La **Rivolta** **99, 100** ······172, 173
Rizzi **65** ······133
Azienda Agricola **Romano dal Forno** **49** ······117

---------- **S** ----------

Tenuta **San Francesco** **16** ······082
Cantina **Santadi** **20** ······086
Sella&Mosca **18** ······084
Cantine **Settesoli** **25** ······091
Skerk **42** ······108

Azienda Vitivinicola **Sorrentino 15**
⋯⋯081
Suavia 47 ⋯⋯114

---------------------- T ----------------------

Tasca d'Almerita 21, 111 ⋯⋯087,
185
Agricola Filli **Tedeschi 50** ⋯⋯118
Terre Bianche 74 ⋯⋯144
Tenuta delle **Terre Nere 109** ⋯⋯183
Cascina delle **Terre Rosse 1** ⋯⋯067
Torrevento 34 ⋯⋯100
Torre Zambra 35 ⋯⋯101

---------------------- V ----------------------

Valle dell'Acate 26 ⋯⋯092
Venica&Venica 45 ⋯⋯112
Vicentini Agostino 48 ⋯⋯115
Villa Dora 14 ⋯⋯080
Villa Giada Agricola **62** ⋯⋯130
Villa Matilde 12 ⋯⋯078

---------------------- Z ----------------------

Fattoria **Zerbina 78** ⋯⋯148
Zidarich 41 ⋯⋯107

頻出ワイン用語

アタック……056
アッパシメント……116
アフター(後香)……056
アルベレーゼ……020
アロマティック
 ワインの個性の中で、とくに香りの存在が際立って感じられるときに使う表現。
アンフォラ……197
ヴィンテージ(収穫年)……030、042、200
エキス
 果汁に含まれる固形分。エキスが多ければ複雑な味わいになり、少なければさっぱりとした味わいになる。品種、樹齢、土壌、栽培環境の違いによっても変わってくる。
エッジ
 ワイングラスに現れる輪郭の境界線。色調を表現するときに、液面からワインの色素の境界線までの距離をさす。「厚い」「薄い」と表現する。(ディスク053参照)
醸し……038
ガレストロ……019
グリセリン
 粘り気のある液体。多く含まれると粘性が高くなり、グラスにつくディスクが厚くなる。
グリップ
 つかみ。ワインを味わう中で感じる感触。
クリュ
 単一畑。限られた一定の区域の畑をいう。
酸
 酸っぱい味わい。ワインの基軸を成す要素。酸が多ければ締まった味わいになり、少なければボケた味わいになる。
弱発泡性ワイン……049
シャルマ方式……044
重心……064
熟成、長期熟成……016、040
酒精強化……089
シロッコ……022
ストラクチャー……056
スワリング……054
第一香、第二香、第三香……054
樽、木樽(バリック)……040、197
タンニン
 渋い味わい。ブドウの果皮や種子から抽出される。タンニンが熟すると甘くなり、未熟だと青っぽく、苦くなる。

ディスク……053
デカンタ……201
テロワール……015、016
トースト……197
土壌……015、017
土着品種……031、194
バリック→樽、木樽へ
ビオワイン……194
瓶内二次発酵……044
ファンタジーネーム……059、192
フィネス……057
ボラ……023
ポリフェノール
 ワインに含まれる色素や苦みの成分。
ボリューム……064
ポンカ……019
ミッド……056
ミネラル
 硬質な香りと味わい。特定の要因はなく、直接的に石灰石類、チョークなどの香りを感じたり、また、それらをイメージすることによって表現される。
メディア・イン・パスト……017
戻り香……056
山おろし……022
余韻……056

DOCG
 Denominazione di Origine Controllata e Garantita 統制保証付原産地呼称の意。イタリアの呼称制度の中で最も審査基準の厳しいもので、ボトルに水色、またはピンクのリボンが貼られる。
DOC
 Denominazione di Origine Controllata 統制原産地呼称の意。DOCGに続くもので、最も数が多く、よく知られている。
IGT
 Indicazione Geografica Tipica 地域特性表示の意。呼称制度としてはDOCの下位の位置づけだが、生産地の場所を特定し、その地域の特性をより明確に表示する。
VdT
 Vino da Tavola 一般的なテーブルワインのことで、DOCG、DOC、IGTの呼称に属さないもの。

取材協力

- A.C. Marketing&Trade srl
- Anteprima Vini dei Grandi Cru della Costa Toscana
- Aquabuona
- Aspin
- Assovini sicilia
- CeG Maxicom
- Consirzio Chianti Colli Fiorentini
- Consorzio Chianti Colli Senesi
- Consorzio del Vino Brunello di Montalcino
- Consorzio del Vino Nobile di Montepulciano
- Consorzio della Denominazione San Gimignano
- Consorzio di Tutela dei vini del Carmignano
- Consorzio Marchio Storico dei Lambruschi Modenesi
- Consorzio per la Tutela dei vini Bolgheri
- Consorzio per la Tutela dei Vini Valpolicella
- Consorzio Tutela Denominazione Frascati
- Consorzio Tutela Vini Soave e Recioto di Soave
- Consorzio Vino Chianti
- Consorzio Vino Chianti Classico
- Enologica
- Enoteca Regionale Emilia Romagna
- EOS
- Forte di vino
- Gheusis Srl
- Go Wine
- Macchi Winesurf
- Miriade & Partners srl
- Nebbiolo Grapes
- Nebbiolo Prima
- Perlage Wines
- Pr Comunicare il vino
- Promozione Garda Classico
- Radici Wines
- Rosati in Rerra di Rosati
- Seminario Permanente Luigi Veronelli
- Serena Comunicazione S.r.l.
- Sicilia en primeur
- Strada del vino Cesanese
- Studio di Giornalismo Fabio Bottonelli
- Terre di Romagna
- Thurner PR
- Ufficio Stampa Autochtona
- Unione Viticoltori di Panzano in Chianti
- Veronafiere Press Office
- Well Com srl

- Atttilio Scienza
- Cinzia Tosetti
- Elisabetta Borgonovi
- Enzo Scivetti
- Franco Ziliani
- FWINS CO.,LTD
- Gianpaolo Giacomelli
- Gianpaolo Gravina
- Gigi Brozzoni
- Hiromi Toba
- Ivo Basile
- Maddalen Mazzeschi
- Michele Shah
- Paolo Krasning
- Paolo Valdastri
- Riccardo Gabriele
- Rosanna Ferraro
- Stefano Malagoli
- Thomas Augscholl

中川原まゆみ

北海道出身。イタリアソムリエ協会（AIS）認定ソムリエ・プロフェショニスタ。ワインテイスター。

親族にシェフや料理研究家がいる「おいしいもの好き」の家庭に育つ。東京で音楽関係の仕事に就いた後、1994年、趣味が高じて東京・中目黒にエノテカ・オステリアを開業。ワインの買い付けで頻繁にイタリアを訪れる中から、ワインへの探究心が高まり2001年、店を閉めてイタリアへ移住。

イタリアソムリエ協会の資格を得て、1800アイテムのワインリストを揃える「リストランテ・パオロ・テヴェリーニ（エミリア＝ロマーニャ州）」にソムリエとして従事。ソムリエ業の傍ら、ワイン雑誌やネットに寄稿を始める。この頃から、本格的にイタリア各地のワイナリーを巡るようになり、多いときで年間450軒のワイン生産者を訪ねた。

多くのワイナリーを訪問して気づいたのは、ワインの原点は畑にあるということ。そこから土壌成分に興味をもち、土壌別の試飲を繰り返すようになる。同時に、イタリアのそれぞれの土地に根づいた土着品種の面白さにも気づき、ライフワークとして各地の品種を調べている。また、ソムリエの経験から「ワインを生かすも殺すも料理次第」という信念をもち、ワインを引き立てる料理の組み合わせ方についても積極的に発信している。

著書に『土着品種で知るイタリアワイン』（産調出版）、『イタリアワイン・スタンダード110』（インフォレスト）。

はじめてのイタリアワイン
海のワイン、山のワイン

初版印刷　2012年7月15日
初版発行　2012年7月30日

著者©　中川原まゆみ（なかがわらまゆみ）

発行者　土肥大介
発行所　株式会社柴田書店
　　　　東京都文京区湯島3-26-9　イヤサカビル　〒113-8477
　　　　電話　営業部　　　03-5816-8282（問い合わせ）
　　　　　　　書籍編集部　03-5816-8260
　　　　URL　www.shibatashoten.co.jp

印刷・製本　株式会社文化カラー印刷

本書収録内容の無断転載・複写（コピー）・引用・データ配信等の行為は固く禁じます。落丁、乱丁本はお取り替えいたします。

ISBN978-4-388-35341-5
Printed in Japan

フランス
FRANCE

テルニ
Terni

ラツィオ
Lazio

バチカン市国　ローマ
VATICAN CITY STATE　Roma

98

11

ラティナ
Latina

18

オルビア
Olbia

サッサリ
Sassari

114

ヌーオロ
Nuoro

サルデーニャ
Sardegna

19

オリスターノ
Oristano

ティレニア海
Tyrrhenian Sea

カリアリ
Cagliari

20

トラパーニ
Trapani

23　22

11

マルサラ
Marsala

25

前見返し

チュニジア
TUNISIA

24　パンテッレリア島
Pantelleria